农业物联网系统工程

NONGYE WULIANWANG
XITONG GONGCHENG

郑 勇　孙启玉　邢建平　著

化学工业出版社

·北 京·

内容提要

《农业物联网系统工程》内容包括农业物联网系统模型、农业物联网与大数据标准体系设计、农业物联信息系统工程与应用、公共支撑子系统技术与实现、应用子系统技术与实现、农产品安全质量追溯应用子系统、农业物联网应用子系统、智慧果园应用子系统、智慧大棚应用子系统、智慧大田应用子系统、智慧灌溉应用子系统、农业地理信息平台应用子系统、农业大数据集成与融合以及农业物联网示范项目和前景展望。

本书可供农业信息化决策、管理、技术、应用人员参考，也可供高等院校信息类、自动化类、农业类等专业教学使用。

图书在版编目（CIP）数据

农业物联网系统工程/郑勇，孙启玉，邢建平著. —北京：化学工业出版社，2020.6
ISBN 978-7-122-35941-4

Ⅰ.①农… Ⅱ.①郑…②孙…③邢… Ⅲ.①互联网络-应用-农业②智能技术-应用-农业 Ⅳ.①S126

中国版本图书馆 CIP 数据核字（2020）第 070470 号

责任编辑：李玉晖　金　杰　　　装帧设计：韩　飞
责任校对：王　静

出版发行：化学工业出版社（北京市东城区青年湖南街 13 号　邮政编码 100011）
印　　刷：北京京华铭诚工贸有限公司
装　　订：三河市振勇印装有限公司
787mm×1092mm　1/16　印张 10¾　字数 267 千字　　2020 年 7 月北京第 1 版第 1 次印刷

购书咨询：010-64518888　　　售后服务：010-64518899
网　　址：http://www.cip.com.cn
凡购买本书，如有缺损质量问题，本社销售中心负责调换。

定　　价：48.00 元　　**版权所有　违者必究**

前 言

农业物联网是物联网技术在农业生产、经营、管理和服务中的具体应用，是通过应用各类传感器、RFID、视觉采集终端等感知设备，广泛采集农业相关信息，通过建立数据传输和格式转换方法，利用无线传感器网络、移动通信无线网和互联网进行信息传输、处理，最后通过智能化操作终端，实现农业产前、产中、产后的过程监控、科学决策和实时服务，进而实现农业集约、高效、优质、高产、生态、安全的目标。

本书共分为14章，分别为第1章农业物联网系统模型；第2章农业物联网与大数据标准体系设计；第3章农业物联系统工程与应用；第4章公共支撑子系统技术与实现；第5章应用子系统技术与实现；第6章农产品安全质量追溯应用子系统；第7章农业物联网应用子系统；第8章智慧果园应用子系统；第9章智慧大棚应用子系统；第10章智慧大田应用子系统；第11章智慧灌溉应用子系统；第12章农业地理信息平台应用子系统；第13章农业大数据集成与融合；第14章农业物联网示范项目和前景展望。

本书依托2017年山东省重大科技创新工程项目“蔬菜日光温室环境精准监测与调控技术研究”（项目编号2017CXGC0202），以农业物联网系统建设为主线，基于当前最新研发水平，结合编者多年来的工程实践经验和研发成果，系统地介绍了农业物联网的设计、开发及应用。本书旨在为农业物联网提供行业指导和实际案例，可供从事农业物联网相关工作的研发人员、工程人员参考学习，也可供高等院校信息类、自动化类、农业类等相关专业教学使用。

本书第1～5章由郑勇和山东锋士信息技术有限公司褚德峰、陈栋、郭明、贾士朋编写，第6～9章由山东锋士信息技术有限公司孙启玉、杨骏、陈希虎、冀尧、宋成秀、李伟、李合营、陈秀芹、赵大龙编写，第10～14章由山东大学邢建平和山东锋士信息技术有限公司刘玉峰、张志强、董绪、张磊磊、刘海法、谢丽娟、田小亮编写。在此由衷感谢山东大学微电子学院邢建平教授团队成员、山东农业工程学院赵志桓工程创新团队成员的帮助和支持。

由于编者水平有限，编写时间仓促，本书不足之处在所难免，请读者不吝批评指正。

著者

2020年5月

目　录

第1章

农业物联网系统模型

1.1 物联网的最小系统

1.1.1 物联网的定义

物联网技术最初是由麻省理工学院 Ashton 教授在 1999 年研究射频识别（radio frequency identification devices，RFID）技术的应用时提出的。2003 年，SUN 公司发表了介绍物联网基本工作流程和解决方案的文章。2008 年，IBM 公司提出“智慧地球”的理念。随着计算机应用技术、电子技术以及通信技术的高速蓬勃发展与融合应用，物的属性及时空特性已经可以通过传感技术和电子计算技术获取与处理。通过通信技术进行信息交互，逐步实现物与物之间的信息交互，从而产生了物联网技术的概念。

国际电信联盟发布的定义认为，物联网是通过激光扫描仪、射频识别（RFID）、智能传感器、遥感、全球定位系统（GPS）等信息传感设备及系统，和其他基于物-物通信模式（M2M）的短距离无线自组织网络，按照协议约定，把任何物品与互联网连接起来，进行信息交换和通信，以实现智能化识别、定位、跟踪、监控和管理的一种巨大智能网络。

工业和信息化部认为，物联网是互联网和通信网的拓展应用和网络延伸，它利用感知技术与智能设备对物理世界进行感知识别，通过网络传输互联，进行计算、处理和知识挖掘，实现人-物、物-物无缝对接与信息交互，达到对物理世界实时控制、精准管理和科学决策的目的。

显而易见，两个定义的表述虽然有所差异，但本质上没有太大的区别。物联网技术需要通过感知技术对物理世界进行感知及识别，再通过网络互联进行传输、计算、处理和知识挖掘，从而实现对物理世界实时控制、精确管理和科学决策。物联网包含感知、传输、处理和应用四个层次。

1.1.2 物联网的相关概念

物联网是“物物相连的互联网”，互联网仍然是物联网的基础与核心，物联网是在互联网基础之上拓展和延伸的一种网络。

传感器网可以看成是由传感器模块以及无线自组网模块共同构成的网络。传感器仅能感知到信号，并不强调对物体的标注识别。比如，可以让温度传感器感知到森林的温度，但是并不一定需要标识哪棵树木。物联网的概念要比传感器网的概念大，这主要是因为感知、标识物体的方式除了有传感器网，还有 RFID、二维码等。用二维码、RFID 标识物体之后，就能够形成物联网，但二维码、RFID 并不在传感器网络的范围内。

泛在网是广泛存在的网络，它的基本特征是无所不在、无所不能，它的目的是实现在任何时间、任何地点，在任何人、任何物之间都能顺畅地通信。泛在网指的是基于个人和社会的需求，运用已有的和新的网络应用技术，实现人与人、人与物、物与物之间按照需要进行的信息获取、传递、存储、认知、决策和使用。泛在网具备超强的环境感知、内容感知以及智能性的性能，为个人和社会提供了泛在的、无所不含的信息服务与应用。

泛在网的概念反映了信息社会发展的远景和蓝图，具有比“手机也可以是物联网”更加广泛的内涵。物联网和泛在网概念的出发点及侧重点不完全相同，但目标都是突破单纯的人与人通信的模式，建立物与人、物与物之间的通信。传感器技术、RFID 技术、二维码、摄像等对物理世界的各种感知技术，是构成物联网、泛在网的必要条件。

1.1.3 物联网的最小系统

最小系统是指能使系统开机或运行的最基本的硬件条件和软件环境。最小系统有两种形式，一是硬件最小系统，二是软件最小系统。一般使用最小系统法能够判断最基础的系统启动与运行能否正常操作。

物联网的基础及核心仍然是互联网，亦即是网络服务，而网络服务在某种意义上来说，就是打造一个多平台的通信协议，使各类设备连上计算机网络。基本的物联网系统，不仅能控制设备，还可以远程查看状态。而复杂的物联网系统可以使互联网上的设备与设备之间实现互联与通信，即物联网的最终目的——使物体与物体之间的交流成为可能，且不需要人为干预。

复杂的物联网系统，实际上是由不同的最小系统配合不同的规则融合而成。因此，在打造复杂的物联网系统之前，我们有必要先了解一下物联网的最小系统。最小物联网系统其实就是一个平台，我们可以通过这个平台上传各种物体的信息，同时给予这些物体一些属性；我们也可以通过网络来控制这些物体，并且它们之间也可以实现相互控制。

物联网的最小系统一般由硬件部分、软件部分、通信部分组成，其中硬件部分一般由单片机、PLC 等控制系统组成，软件部分一般由控制程序、通信程序等组成，通信部分由发送系统和接收系统组成。

1.2 农业物联网系统综述

1.2.1 农业物联网的定义和内涵

随着信息技术和计算机网络技术的不断发展，物联网技术和农业科学技术逐渐紧密结合，形成了农业物联网的各种具体应用。中国农业大学李道亮教授于 2012 年提出，农业物联网是物联网技术在农业生产、经营、管理和服务中的具体应用，是通过应用各类传感器、RFID、视觉采集终端等感知设备，广泛采集农业生产、农产品流通及农作物本体的相关信息，通过数据传输和格式转换，利用无线传感器网络、移动通信无线网和互联网进行信息传输，对获取的海量的农业信息进行数据清洗、加工、融合、处理，最后通过智能化操作终端，实现农业产前、产中、产后的过程监控、科学决策和实时服务，进而实现农业集约、高效、优质、高产、生态、安全的目标。农业物联网的基本架构如图 1.1 所示。

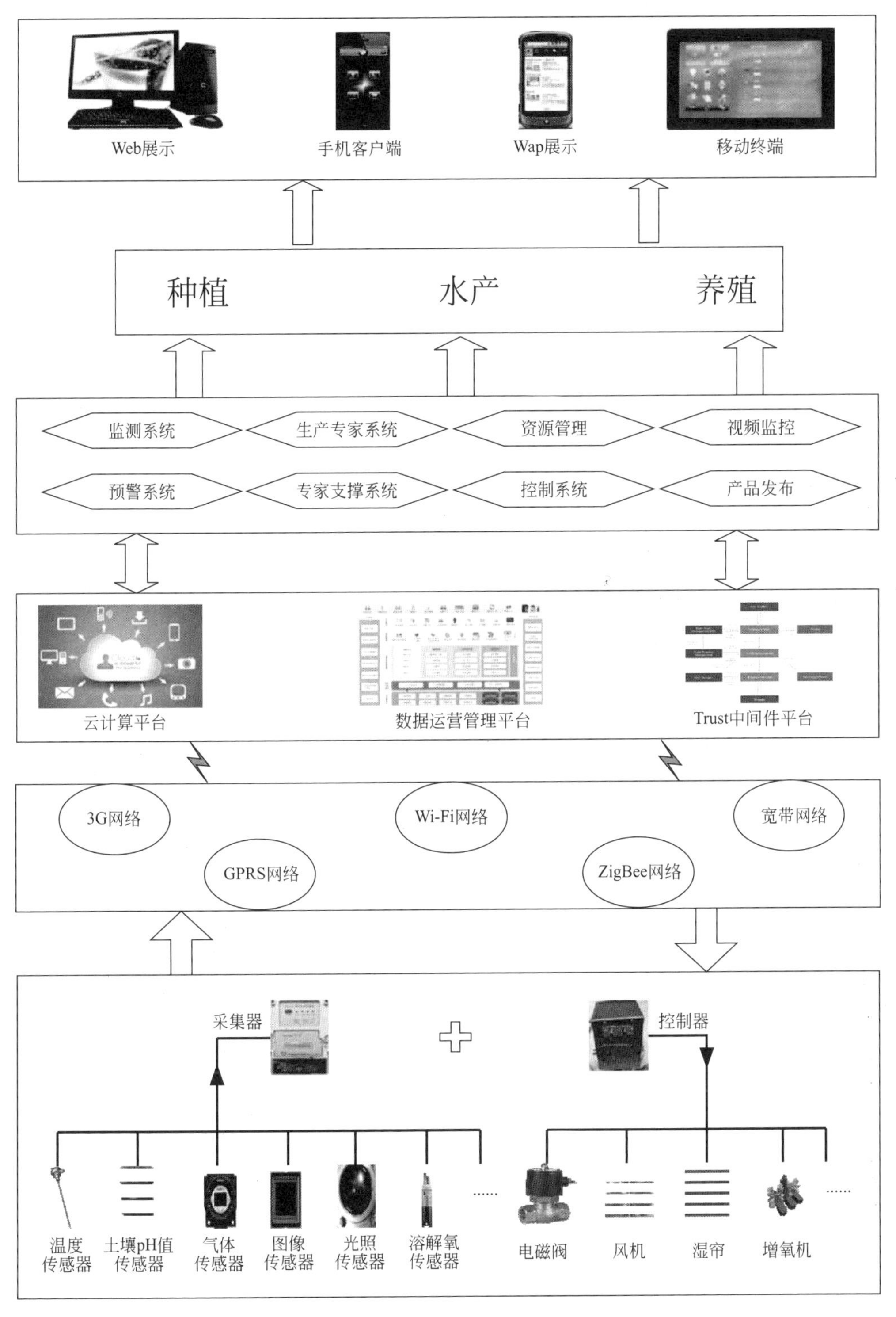

图 1.1 农业物联网的基本架构

农业物联网技术是实现现代农业不可或缺的主要技术，被涉农企业、科研机构和高校等大力、深入开发并应用。科学研究和实践应用证明，农业物联网技术是实现农业现代化的重要途径，是推动我国农业从传统农业向“高产、优质、高效、生态、安全”现代农业发展的关键驱动力。

农业物联网具有非常鲜明的基本特征。首先，它以互联网为基础，在农业生产中的各种信息交换和分析需要通过互联网的一些功能来实现。其次，在前期它需要大量的投资，农业生产中需要大量传感器采集信息，需要先进的技术平台实现信息的合理利用，这些都需要充足的资金来保证实施，所以农业物联网不适用于单个的农户。再次，它是一种可识别、可感知的现代农业。农业物联网的应用，使得农业生产过程中的每一个阶段，生产者、消费者和其他相关者都可以通过相应的技术手段获取相关的信息。最后，农业物联网是以市场为导向，以技术为基础的，它的发展模式随着科技发展以及市场形势变化来调整，不是一成不变的。

1.2.2 农业物联网的网络框架

农业物联网产业的内涵是以物联网技术在农业领域及其相关服务领域的应用为核心，以提高农业生产效率为目的，形成的一整套相关产业链。根据物联网的技术体系架构，可将农业物联网分为四个层次，即感知层、传输层、处理层和应用层。

如图 1.2 所示，整个农业物联网从基础感知层到终端应用层形成一个巨大的产业生态系统，带来产业集群效应。

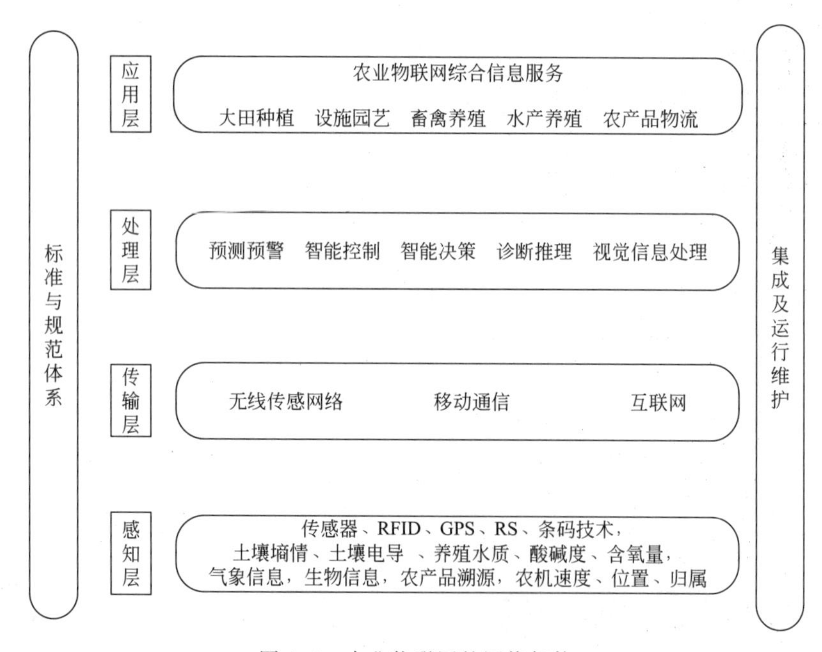

图 1.2　农业物联网的网络架构

(1) *感知层*

感知层在农业物联网整个体系架构中起基础支撑地位，它由各种传感器（如光照传感器、空气温湿度传感器、风向传感器、二氧化碳传感器、雨量传感器、风速传感器、土壤温湿度传感器等）节点组成，通过先进的传感器技术及物联网，获取多种需要过程精细化管理的参数信息，如土壤养分、作物苗情长势及动物个体产能、行为和健康等。由感知层衍生出的传感器产业具有技术含量高、经济效益好、市场前景广等特点。农业物联网感知层的关键技术包括通信技术、大数据技术、情感感知技术、无线传感技术、信息感知与识别技术。由于农业现代化的快速发展，对农业先进信息感知产品与传感器设备的需求日益增加。基础感知层在不久的将来将会成为农业物联网技术创新研究的优先领域和研究重点。

（2）传输层

信息传输层是整个物联网的中枢，负责传递和处理基础感知层获取的信息，它将获取的各种各样的数据，通过有线或无线传输的方式，经过多种通信协议，最终向局域网、广域网发布，包括互联网、广电网、网络管理系统和云平台等。传输层是衔接农业物联网传感层和应用层的关键环节，也是三层架构中标准化程度较高、产业化能力较强的一层。传输层的主要作用是利用现有的各种通信网络，实现对底层传感器收集到的农业信息的传输。传输层相关产业包括许多高新技术服务，其中有无线传感网络、M2M 信息通信服务、行业专网信息通信服务等。

（3）处理层

处理层之所以最终能实现信息技术与行业的深度融合，进而完成物品信息的汇总、共享、协同、分析、互通、预测及决策等功能，是通过云计算、数据挖掘、知识本体、模式识别、预测、预警、决策等智能化信息处理平台的紧密衔接工作。该层的主要任务是对信息汇总层汇总而来的信息进行紧密分析以及一定的处理，使得对现实世界的实时情况形成数字化的认知。

（4）应用层

应用层是物联网和用户的接口，与行业需求结合，实现物联网的智能应用。终端应用层收集每个节点的数据，并对其进行融合、处理后制定科学的管理决策，以控制农业生产过程。终端应用层的产业包括应用基础设施组件服务、大田生产、畜牧养殖、设施农业、质量安全溯源、云计算服务与应用集成服务等。

1.3　农业信息化模型（服务对象）

1.3.1　农业信息化的定义和特征

农业信息化指的是借助现代信息技术，在农业领域内进行信息的获取、处理、传播和应用，从而有效地开发和利用各种农业资源，其中包括自然资源、人才资源、市场资源等，培育以智能化工具为代表的新型生产力，进而实现推进现代农业发展的目的，并促进农村经济和社会进步。农业信息化是一个全新的概念，是农业全过程的信息化。农业物联网技术是农业信息化技术的重要组成部分，毋庸置疑的是，农业物联网技术在农业信息化过程中发挥着越来越重要的作用。

信息技术在发达国家农业中的应用主要在以下方面：农业信息采集及处理、农业生产经营管理、农业系统模拟、农业专家系统、农业计算机网络、农业决策支持系统等。在农业中应用的信息技术包括：计算机，通信，人工智能，信息存储和处理，多媒体，网格，3S 技术（即全球定位系统 GPS、遥感技术 RS、地理信息系统 GIS）等。农业信息化概括而言具有以下特征。

首先，最主要的特征就是网络化。在美国，随着各种形式的局域网和基于信息高速公路的广域网用户迅速增长，众多的农业公司、专业协会、合作社和农场均已开始广泛使用计算机和网络技术。由于网络技术的蓬勃发展，美国政府每年拨款15亿美元建设农业信息网络，建成了世界上最大的农业计算机网络系统AGNET。该系统覆盖了美国的46个州、加拿大的6个省和美加以外的7个国家，同时还连通了美国农业部、15个州的农业署、36所大学和大量的农业公司，用户可以通过家庭电话、电视或计算机等多种方式进行网络信息资源共享。英国建立了全国性的农业计算机网络AGRINET。1994年底，日本已经开发了400多个农业网络，计算机在农业生产部门的普及率高达93%。日本政府还实施了一项“绿色天国”计划，旨在让21世纪的所有农民都拥有计算机。这些先进的计算机通信网络使农业生产者能够更加及时、准确、完整地获取市场信息，从而有效地降低了农业生产经营的风险。

其次是综合化。一是多项信息技术的结合，包括网络技术、数据库技术、计算机模型库和知识库系统、多媒体技术、实时处理与控制等。二是信息技术和现代科技，尤其是现代农业科技的结合，如信息技术与核技术、生物技术、遥感技术、激光技术的日益紧密结合。多项高新技术的有序融合，使农产品的生产过程和生产方式得以大大改进，农业现代化的经营水平也不断提高。比如，欧美国家目前普遍看好一种视频数据检索系统（Videotex）和电视数据检索系统（Teletert），综合来说就是多媒体数据库技术，即为计算机软硬件技术和网络通信技术的结合。

最后是全程化。信息技术的应用不再局限于某一独立的农业生产过程，或者单一的经营环节，又或者某一有限的区域，而是横向和纵向扩展。信息技术企业与农业生产、经营企业相联系，科研单位和生产经营单位甚至与用户相结合，进而越来越多的复杂工程由多学科专家协作完成。这些工程全面地改善了农业生产和经营中的薄弱环节，其作用在于不仅充分地发挥了发达国家农业的原有优势，而且原有的劣势逐渐改善甚至消除，从而极大地增强了发达国家大部分农产品在世界市场上的竞争力。

广泛应用现代信息技术，可以促进农村经济结构和产业调整，增强农业生产的市场竞争力，发展农村经济，建设现代农业，加速农村现代化进程，增加农民收入。农业信息化的内涵包括农业生产过程信息化、农产品流通过程信息化、农业经营管理过程信息化、农村社区服务信息化四个方面。

1.3.2 农业生产过程信息化

农业生产过程信息化包括农业基础设施设备信息化以及农业技术运行全自动化。

农业基础设施装备信息化，如在农田灌溉工程中，水泵抽水和沟渠灌溉排水的时间、流量等信息全部实现自动传输和由计算机自动控制；在农产品仓储过程中，内部因素变化的监测、调节和控制完全由计算机信息系统完成；在畜禽棚舍饲养中，环境的检测和控制完全可以实现自动或远程控制。

农业技术运行全自动化首先是农作物栽培管理的自动化。我国开发的多媒体小麦管理系统（WMS）和棉花生产管理系统（COTMAS）都可应用于相关的农作物生产。例如农作物施肥过程，通过在田间设置自动养分测试仪或各种探针，在室内就可以应用该自动化系统定时自动测定及采集数据，计算机对数据进行定性和准确的分析后，可以确定施肥的时间、施肥量以及施肥方法，最后采用遥控自动施肥机具并与灌溉水结合，实现田间自动施肥。其他耕作管理措施与此类似。

农业技术运行全自动化其次是农作物病虫害防治信息化和自控。其基本过程是：首先在田间建立监测信息系统，通过信息网络发出预测预报，再通过计算机模型分析，确定防治的时间和方法，最终采用自动控制机具、生物防治方法或综合防治方法进行有效的病虫害控制。

农业技术运行全自动化再次是畜禽饲养管理的信息化和自动化。畜禽的新陈代谢状况可以通过嵌入畜禽体内的微型电脑及时发出，再结合计算机的模拟功能，通过计算机模拟运算判断畜禽对饲养条件的要求，从而及时自动地输送饲喂配方饲料，进而实现科学饲养。

1.3.3　农产品流通过程信息化

建立新型农产品批发市场，使市场的网络信息化、电子结算等贸易方式的实验点规模扩大。加强开发和推广农产品的加工、贮藏、保鲜技术，发展农产品节本增效和加工技术，使农业向着优质高效高产的方向发展。

通过信息技术建立获取技术、市场、政策、生活和资源信息的网络系统。农民可以及时、准确地获得所需的技术、生产、政策、价格、气象和库存信息，对市场有一个长期的预测和分析，不仅可以帮助农民解决市场需求问题和生产经营问题，而且还能处理好小农生产的分散性和大市场的统一性之间的矛盾。在经济全球化的形势下还可以通过信息技术融入农业，把农业和企业相结合，形成跨国竞争优势，通过网上贸易建立起产品和服务的贸易通道。所以说推动农业产业化和现代化的关键一环是信息技术。

通过信息技术和网络技术，全国乃至全世界形成一个大市场，再加上相关的农业部门形成一个大系统。在互联网上进行农产品贸易，销售成本大大降低；农民根据网上数据和专家的分析预测获得相应的行情及预测分析，通过互联网直接获取订单，从而不再盲目生产；农业从业者通过网络形成不同产业的联盟，可以一起经营、管理，合力打造品牌，稳定市场份额，进而不断地开拓新市场。

1.3.4　农业经营管理过程信息化

农业信息化在农业经营管理方面所起的作用，一是通过对农场自身情况的分析，建立一个合适的计算机系统，以便决策及时执行；二是在信息网络的帮助下对市场和财政信息进行及时的了解，在市场需求分析的基础上进行选择，并确定产品的合理销售方式，从而充分发挥自身优势，使经济效益得以最大化；三是通过外部的信息网络可以获取大量先进技术信息，以便于选择适合自己的装备和技术进行应用和学习，大幅度提高土地生产力和劳动生产力，获取最大的生产效益。

建立管理信息服务系统，建设农业电子财务及开放的财政数据库，开发网络办公系统，实现运用网络化手段处理行政审批和市场监督管理等事项，财务管理更加透明，部门的办事效率提高，以适应国家对电子财务建设和信息化发展的要求。

农业的基本生产资料是土地，农业生产是一个以光合作用和水、热、光资源为基础的生物生产产业。中国地域辽阔，自然条件复杂，生物和气象灾害较多，农户规模小且散，又积累了上千年的传统经验，所以农业具有生产分散，行业地域性、经验性和时变性强的特点，以及稳定性低，规范化、集成化、定量化程度差的弱势。随着智能技术和软件技术的强大，生产的小型化和分散化的弱势可以通过信息的收集、处理和传递技术予以解决；农业生产过程中存在的复杂而变化多端的生产要素得以定量化、规范化和集成化；时空变化大和经验依赖性强的问题得以优化。全球定位技术和信息技术、农业地理信息技术及航空遥感技术的结合，对生态环境、天气、生产条件及状况、农业资源和生物灾变的检测和预报结果的影响非常大，农业生产控制的准确性及稳定性有了明显提高，有望在今后的农业生产过程中实现科学高效的宏观管理。

1.3.5 农村社区服务信息化

农民的生活越来越好，在生活消费领域利用的现代信息技术也越来越多。在一些比较发达的地方，电视网、互联网和广播网“三网合一”应用到了县级的文化娱乐媒体中，农民通过这些媒体可以洞察国内外的社会、科技、经济情况以及农业、农村、农民的发展情况。农民的生活娱乐方式越来越丰富，农村儿童有了更加崭新的学习和生活天地。这些均对农民参与农业信息化建设具有很好的促进作用。

1.3.6 农业信息化的内涵和核心

农业信息化的主要内涵可以总结为以下六个方面：

农业生产管理信息化。包括农作物种植管理、农田基础建设、农作物病虫害防治、畜禽饲养管理等。目的是及时收集信息，帮助农户解决生产管理问题。

农业经营管理信息化。及时准确地向广大农民提供与农业经营有关的经济状况、物价变动、固定资产投资、资金流向等各种信息，指导他们的生产经营活动。

农业科学技术信息化。收集并传递与农业生产、加工等领域有关的技术进步信息，包括农业栽培技术、农副产品加工技术、畜禽养殖技术以及农业科研动态。

农业市场流通信息化。提供农业生产资料供求信息和农副产品流通、收入、成本等方面信息。

农业资源环境信息化。提供与农业生产经营有关的资源和环境信息，如耕地、水资源和生态环境、气象环境等。

农民生活消费信息化。为广大农民提供生活消费方面的信息服务，介绍主要消费品的性能、价格和供需动态等。

推动农业信息化，有利于转变政府职能，有利于减少农产品市场波动和提高农业市场流通效率。

目前，我国农业信息化应用系统开发已经成型，大型农产品批发市场价格信息系统、农产品监测分析系统、农村供求信息全国联播系统、农业决策支持系统、农业专家系统等平台均已搭成，为提高“三农”信息服务水平构建了良好的基础。

农业信息化建设，将是复杂、全面的知识集成，是一项大规模的系统工程。农业信息化的实现，将要经历一个较长的历史时期。农业信息化总体目标是：开发并运行支持宏观决策和生产经营的各种应用信息系统；构建满足宏观调控、微观导向和农村社会化服务要求的中国农业信息网络；造就一批农业信息人才和一支服务队伍。具体来说，从现在起到下个世纪上半叶，一是要建成我国“农业信息快速路”，通常被人们称为“修路”。这条“路”要修到县、乡、农场，要与国家信息高速公路接轨，与国际信息互联网接轨。二是要加快发展农业综合信息数据库群和农业综合管理及服务信息系统，即所谓的“造车、备货”。有“路”必须有“车”、有“货”，这样才能实现农业科学技术、经营管理、基础设施的全面信息化和自动化。

围绕农业信息资源的开发和利用，也就是“造车、备货”，有一系列富于挑战性的课题需要引起关注，其中包括：

（1）建设农业信息资源数据库

信息是继材料和能源之后的第三资源。如果没有各种信息数据库的支撑，农业信息网络将不可能发挥其应有的作用。中国是一个农业大国，农业信息资源极其丰富，其内容应包括农业科技资源信息、农业自然资源信息、农产品市场信息、农业管理信息、世界农业科技文献资源信息等。应加强各类农业信息资源数据库的建设、有序管理和应用开发。要利用现代信息处理技术、多媒体技术、数据仓库技术，建立全国农业信息资源保障体系，建立国家级和各省的省级农业信息资源库。

（2）建设农业信息监测与速报系统

利用航天遥感（应用卫星）、航空遥感（飞机）、监测网络（陆地）等技术，实现对主要农作物长势与产量、农业资源、土壤湿度、旱涝灾害、海洋渔业、病虫草害、生态环境等的监测、预报与速报。实现对世界各国主要粮食作物和主要经济作物、土地利用与土地覆盖、可参与分享的世界农业自然资源的研究、监测与速报。建立农业地理信息系统（AGIS），将3S技术［地理信息系统（GIS）、全球定位系统（GPS）、遥感技术（RS）］应用于农业、资源、环境和灾害的监测和速报。

（3）建立国家虚拟农业（仿真农业）重点实验室

虚拟农业是20世纪80年代中期出现的一种农业技术，它利用计算机技术、仿真技术、虚拟现实技术和多媒体技术设计出虚拟作物、畜禽鱼，然后真正培育出能与虚拟农产品相媲美（品质最佳、产量最高、抗虫害能力最强）的真实作物。从遗传学的角度定向培育农作物（如某种短秆穗大的粮食作物、有某种特定滋味的水果等），阻断害虫食物通道，破坏其藏匿环境，防止其危害。虚拟农业的过程是一个相当复杂的过程，它将改变传统的育种和科研方式。虚拟农业是一个极具挑战性的研究课题，也具有令人振奋的广阔应用前景。目前，世界上仅有少数几个机构的研究小组在开展这方面的研究，研究内容是模拟主要农作物、牲畜、家禽、鱼类的育种和管理。需要利用现代信息技术建立“国家虚拟农业重点实验室”，开展虚拟农业的研究。

（4）建立农业专家决策支持系统

信息技术在农业经济调控管理中的应用不仅是形势所需，而且将成为可能。农业专家决策支持系统是农业信息化的重要组成部分，有着重大的经济意义和实用价值。该系统包括农业宏观决策、农业科学研究、农业生产管理等不同的服务层次，具体内容包括政策模拟、调控决策方案模型、粮食安全预警等。同时要建立以主要农作物、畜禽、水产品为对象的生产全程管理系统和实用技术系统，以促进农业生产的科学管理和先进技术的推广利用。在这方面，国际和国内都有一定工作基础，但在技术集成、作物生长机制与环境相互关系的研究方面还需要进一步深化，系统决策的准确性与实用性还远远不够。迫切需要加强适合中国特定自然环境和物种特征的农作物、牲畜、家禽和水产品的农业专家决策支持体系建设，以适应农业集约化生产方式的需要。

(5) 建立基于网络和多媒体的农业技术推广体系

建立国家农业实用技术多媒体产品制作中心和网络服务系统。农业科学与教育实用技术信息多媒体数据库利用信息技术和多媒体技术，以极为简单的方式把十分复杂的农业技术表现出来。它将以一种崭新的形式促进农业科技推广、科技咨询和农业教育的发展，具有广阔的市场应用前景，能产生较好的社会效益和经济效益。多媒体数字资源可以做成光盘、软盘、磁带，或储存在网络中心的磁盘阵列中，农业科教人员或农民只要有一台电脑和一条电话线，就可随意点播主机内存储的各种多媒体节目，实现资源共享，且方便快捷。建立基于网络和多媒体的农业实用技术推广系统，是传播推广实用技术、普及农业科学知识的重要手段。

1.4 农业物联网的建模

物联网服务是传统 Web 服务通过传感器网络向物理环境的延伸服务，它通过传感器网络感知物理环境中的实体，也向物理环境实体施加作用。与传统 Web 服务相比，由于物联网服务受其所依赖的物理环境的时间约束、资源约束和设备潜在故障概率的影响，其响应速度、服务能耗和容错能力等特性成为影响物联网系统整体特性的重要因素。因此，对物联网服务进行全面建模，对其所处的外部环境进行形式化描述，并结合物理环境模型对物联网服务的性质进行分析，对确保物联网系统的正确性、稳定性非常有必要。农业物联网作为物联网的一个重要分支，在建模上有其独有的特点。建立农业物联网体系结构模型，可为农业物联网相关系统的设计与实现提供一定的参考，以帮助农业信息化从业人员快速构建农业物联网系统。

农业物联网的应用领域可以根据监测对象的不同进行细分，主要分为农业生产环境监控物联网、动植物生命信息监控物联网、农机作业监控物联网和农产品品质检测与质量安全追溯物联网等。

目前对于农业物联网体系的研究和应用存在的问题有：首先是目前对于农业物联网异构接入层底层网关的相关研究较为集中，而对于中间件应用方面的研究则相对缺乏；其次是对于农业物联网应用方面研究的数据共享相对匮乏，同时也缺乏对农业物联网数据挖掘方面的研究，虽然获取到不少数据，但是在具体指导农业生产方面仍存在一定的应用局限。

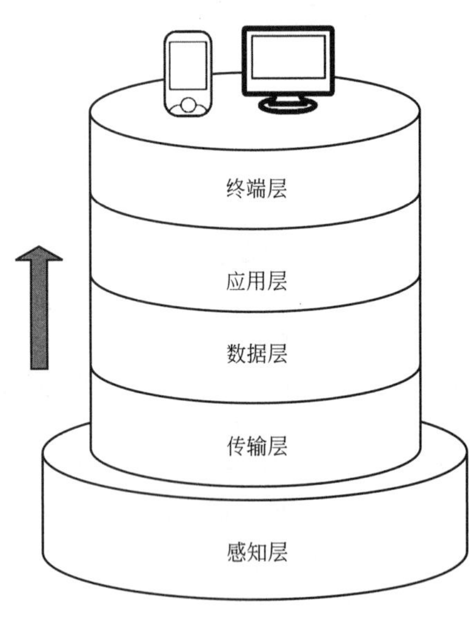

图 1.3　农业物联网体系结构

根据农业生产的具体使用需求，根据物联网体系结构的安全性、可复用性和可扩张性等构建原则，并结合物联网构建实际经验，提出一个农业物联网层次结构模型。该模型共分为五层，分别为感知层、传输层、数据层、应用层和终端层，不同层之间使用不同的通信协议进行通信和数据的传输。农业物联网体系结构如图 1.3 所示。感知层由传感器、RFID、条形码等传感终端构成，主要使用 Wi-Fi、GPRS 和 ZigBee 协议等进行数据的传输，将采集到的数据传输到上层结构，也就是农业物联网系统结构的传输层。传输层通常由软件中间件和硬件网关组成，中间件的使用能够对感知层的复杂结构进行屏蔽，为上层结构提供一个统一的管理接口，从而实现农业物联网应用的快速构建。传输层通过使用 Internet 的 IP 协议以及移动通信网络的相关协议实现数据的传输，即将感知层传来的数据传递到上层结构，即数据层。数据层是一个数据池，使用 UDP、TCP 等协议实现数据的传输。数据层将数据传递到农业物联网的应用层，主要通过 FTP、HTTP 等实现数据的获取和传输。

(1) 异构网络传输层

在农业物联网的五层结构当中，传输层的功能是对数据采集机器设备的资源进行统一管理和标准化描述。异构网络传输层包含硬件网关接口、中间部分和接口驱动等部分。硬件网关包括 RS485 接口和 Wi-Fi 接口等，实现接入设备的兼容。异构网络传输层的输出方式较多，包含 RJ45、LTE、Wi-Fi 等不同的接口，方便用户根据实际需求选择不同的输出接口。驱动层的功能是设备的驱动和对上层设备的驱动管理，上层设备只需调用相关的驱动就能实现调用，而不必关心操作设备的内部工作情况。中间部分的功能比较多，包括信息采集配置、信息融合和协议转换等功能，其作用是不仅能够降低底层不同结构网络的复杂程度，从而提供统一的管理接口，保证农业物联网的快速构建和部署，而且方便信息的融合和压缩等不同操作，从而减小信息传输规模。传输层结构见图 1.4。

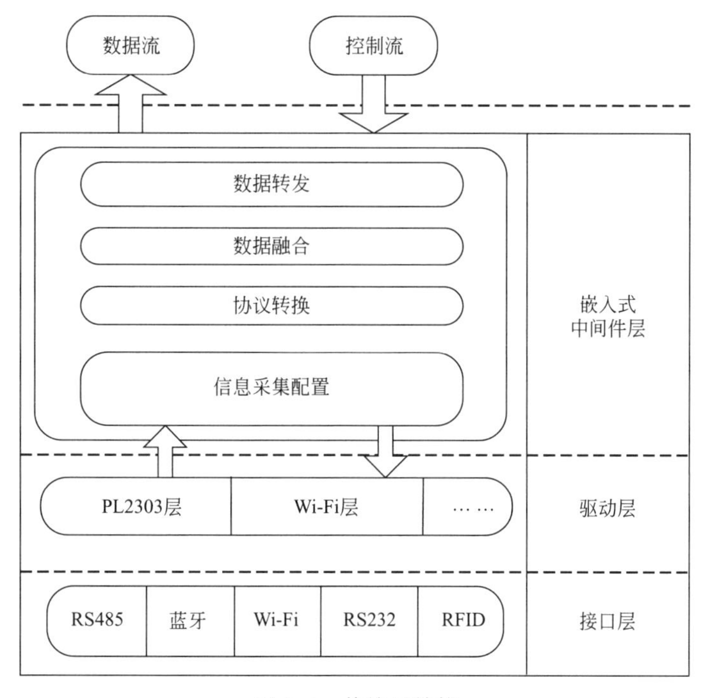

图 1.4　传输层结构

(2) 数据共享层

在农业物联网的具体应用当中，配置的机器设备一般由不同的厂家提供，这些设备由于数据采集和传输方法各不相同，不同机器之间的数据共享和数据采集比较困难，无法实现农业物联网的服务协同。再加上农业物联网中的数据感知节点规模较大，有成百上千个之多，将产生大量的数据信息。这些数据信息的传递和处理对农业物联网的应用系统要求非常高，而数据如果不能及时进行处理，可能会导致农业物联网系统出现严重问题。在物联网的应用层和数据层中间是数据共享层，数据共享层（中心）是一个数据处理中心，也是农业物联网不同应用进行数据获取和数据提供服务的中心，即通过订阅不同服务，由服务提供方向它发送相应的数据信息。在农业物联网当中，数据共享中心的功能有很多，主要包括服务管理、发布/订阅、权限管理、事件管理、数据管理和通知管理等。数据共享层系统结构如图 1.5 所示。

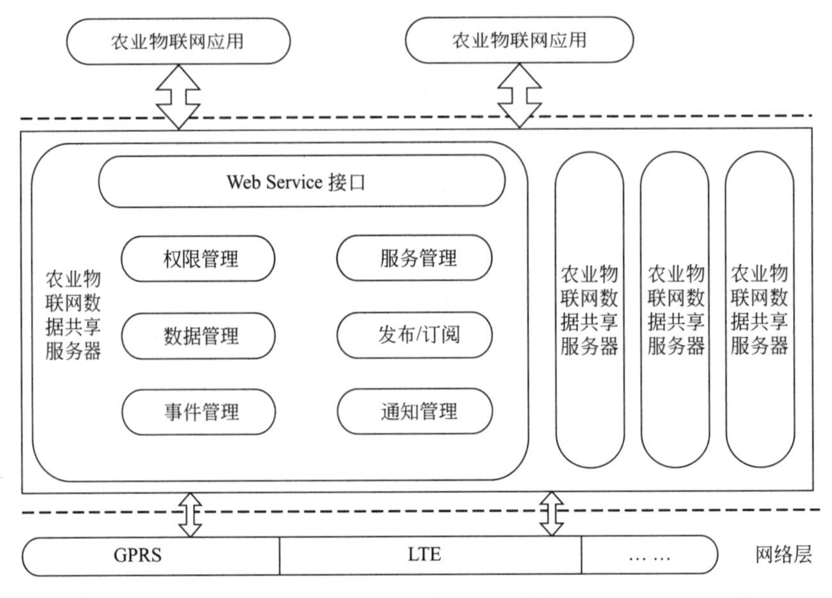

图 1.5　数据共享层系统结构

在农业物联网的信息共享层中，应用系统如果想要申请或者发布信息，首先应进行服务注册，其后接入数据共享中心，由数据共享中心为其提供 Web 服务接口，该接口负责实现数据交换和数据共享。正常情况下，当上层服务的应用需要数据时，将通过数据采集接口发出数据申请请求，数据交换和共享中心在收到请求后查询相关服务，在找到相关的服务之后响应服务的申请者，将数据传递给应用系统。同样，当上层应用要进行数据发布时，先由数据交换中心接收数据，并由该中心实现服务粒度设计，以提升不同服务之间的高可用性。

1.5　农业物联网与大数据的标准化

1.5.1　大数据标准体系框架

根据国内外大数据标准化现状、国内大数据技术发展情况、大数据参考架构及标准化需求，数据全周期管理、数据自身标准化等特点，目前各领域推动大数据应用的初步实践，以及未来大数据发展的趋势，提出了大数据标准体系框架，如图 1.6 所示。

大数据标准体系主要由七个类别的标准组成，分别为：基础标准、信息标准、技术标准、平台和工具标准、管理标准、安全和隐私标准、行业应用标准。

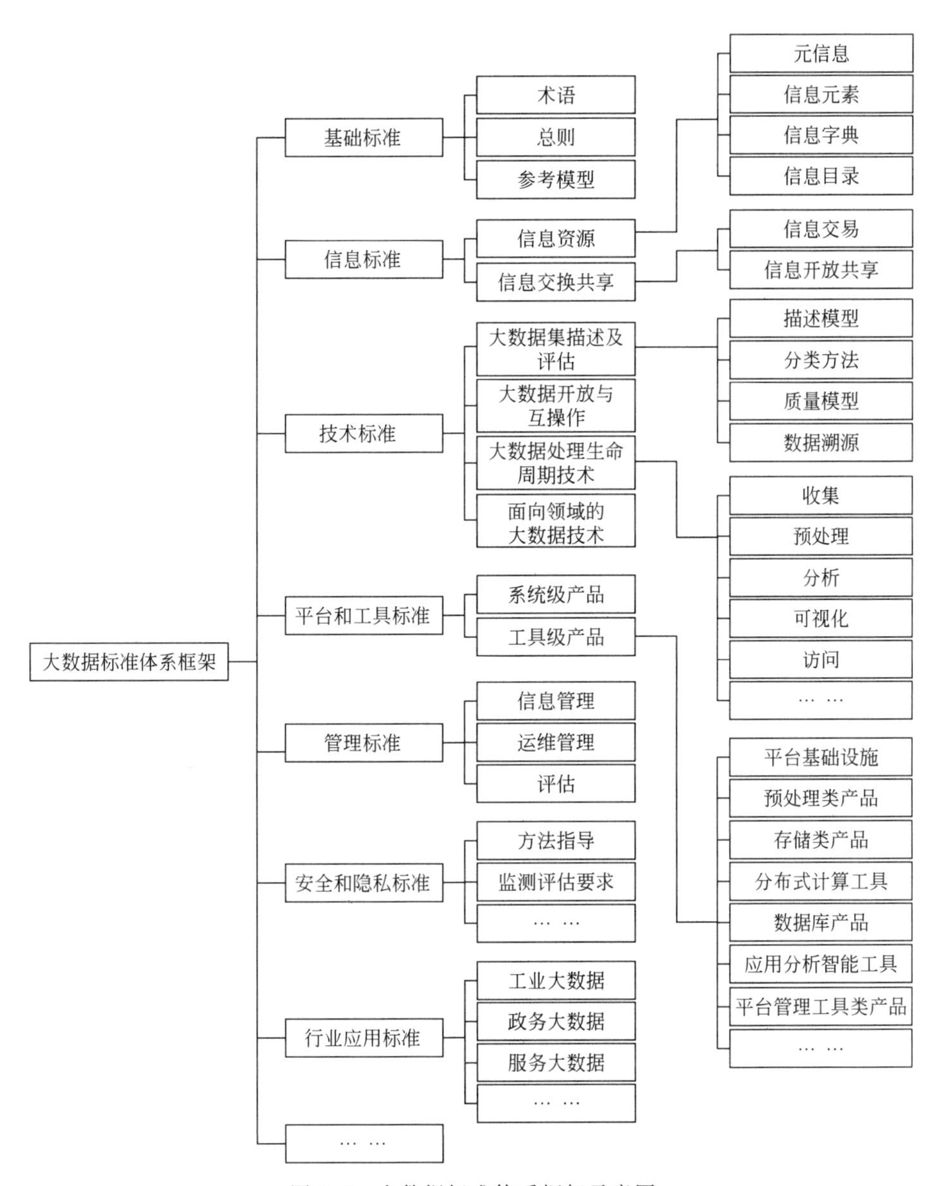

图 1.6　大数据标准体系框架示意图

(1) 基础标准

为整个标准体系提供包含术语、总则、参考模型等基础性标准。

(2) 信息标准

该类标准主要针对底层信息相关要素进行规范。包括信息资源和信息交换共享两部分，其中信息资源包括元信息、信息元素、信息字典和信息目录等，信息交换共享包括信息交易和信息开放共享。

(3) 技术标准

该类标准主要针对大数据相关技术进行规范，包括大数据集描述及评估标准、大数据处理生命周期技术标准、大数据开放与互操作标准、面向领域的大数据技术标准等四类。大数据集描述及评估标准主要针对多样化、异构异质的不同数据建立标准的度量方法，以计算数据质量。它不仅研究标准化的方法对多模态的数据如何进行归一处理，还根据我国国情，制定相应的开放数据标准，以促进政府数据资源的建设。大数据处理生命周期技术标准是大数据从产生到其使用终止全过程中所涉及的关键技术的标准，包含信息产生、信息获取、信息存储、信息分析、信息展现、信息安全与隐私管理等各阶段的标准。大数据开放与互操作标准主要针对不同功能层次及功能系统之间的互联与互操作机制、不同技术架构系统之间的互操作机制、同质系统之间的互操作机制的标准化。面向领域的大数据技术标准主要针对电力、医疗、电子政务等各领域或行业的共性且专用的大数据技术。

（4）平台和工具标准

该类标准主要是对大数据相关平台和工具及其技术、功能及接口等进行规范，包括系统级产品和工具级产品两类。其中，系统级产品包括实时计算产品（流处理）、数据仓库产品（OLTP）、数据集市产品（OLAP）、数据挖掘产品、全文检索产品、非结构化数据存储检索产品、图计算和图检索产品等；工具级产品包括平台基础设施、预处理类产品、存储类产品、分布式计算工具、数据库产品、应用分析智能工具、平台管理工具类产品等。相应的测试规范针对相关产品和平台给出测试方法和要求。

（5）管理标准

管理标准作为信息标准的支撑体系，贯穿于信息生命周期的各个阶段，主要是对信息管理、运维管理和评估三个层次进行规范。其中，信息管理标准主要包括数据管理能力模型、数据资产管理以及大数据生命周期中处理过程的管理规范；运维管理标准主要包含大数据系统管理及相关产品等方面的运维及服务等方面的标准；评估标准包括设计大数据解决方案的评估、数据管理能力成熟度评估等标准。

（6）安全和隐私标准

信息安全和隐私保护也是数据标准体系的重要部分，并贯穿于整个信息生命周期的各阶段。在大数据应用场景下，大数据的4V特性导致大数据安全标准除了关注传统的数据安全和系统安全外，还应在基础软件安全、交易服务安全、数据分类分级、安全风险控制、电子货币安全、个人信息安全、安全能力成熟度等方面进行规范。

（7）行业应用标准

行业应用类的标准主要是从大数据为各产业所能提供的服务角度出发所制定的规范。该类标准指的是各行业根据其行业自身特性产生的专用数据标准，涵盖服务、工业、政务等领域。

1.5.2 我国的大数据标准建设现状

我国在大数据领域已有了一定的技术积累，通过对现有大数据国家标准进行分析可以看出：在数据资源方面，我国已具有一定的标准基础，相关国家标准在大数据领域内同样可以适用。但仍需要按照大数据技术、行业现状修改现有的国家标准，确保标准紧跟技术、行业的发展，并推进相关数据资源标准的应用和推广，确保标准的实施。

在交换共享方面，依靠全国信息技术标准化技术委员会大数据标准工作组，展开了相关标准的研制工作，发布信息交易国家标准2项、共享国家标准3项；需要推进相关数据开放共享国家标准的编制工作；围绕国家对于政府信息开放共享的任务及要求，加速适用于政府数据开放共享的国家标准的研发。

在信息管理方面，GB/T 36073—2018《数据管理能力成熟度评估模型》作为我国首个数据管理领域的国家标准已经发布；急需从信息管理能力评估方法的角度进行标准化研发，并推动标准在行业中应用，以提高整个产业的信息管理能力。

在工具和平台标准方面，当前已确立《信息技术大数据系统通用规范》（计划号：20171082-T-469）等五项国家标准的编制任务，包括大数据通用系统、大数据分析系统、大数据存储和处理系统等；还需要伴随大数据系统功能模块，修饰数据访问、数据收集等功能模块的相关规定开发；同时围绕国家标准，展开大数据系统产品的规定符合性测试评估工作。

总的来说，当前国家在大数据领域内的收集管理、交换共享、大数据系统产品、工业大数据、收集资源、基础术语等方面已展开了国家标准研发工作。下一步要强化大数据已有国家标准的推广应用，展开标准试点验证；并且要进一步研究大数据在各个行业中的标准化需求，展开政务大数据、工业大数据等领域的标准开发，大力促进大数据标准在各种行业中的引导和支撑作用。

1.5.3　大数据重点标准描述

大数据标准工作组自主研制的一些重点标准已得到实验验证，并在推广应用。

GB/T 36073—2018《数据管理能力成熟度评估模型》国家标准规定了组织进行信息管理、评价的能力成熟度模型，包括数据安全、数据应用、数据质量管理、数据战略、数据标准、数据整理、数据生命周期管理、数据架构共 8 个关键过程，描述了各个过程的度量标准和建设目标，以作为组织开展信息管理工作的参考标准。它适用于在数据拥有方进行数据规划、管理和能力提升时进行规范和指导，同时也适用于数据应用方案提供方进行数据相关解决方案的建设以及人员的培养等工作。该标准在研制阶段已在浙江移动、天津天臣等单位进行了充分验证，目前已在贵州、上海等地及金融、电力、通信等行业推广实行，大大提升了行业和地方的信息管理水平。

《信息技术 大数据 分类指南》（计划号 20171082-T-469）规定了大数据系统的技术要求、服务要求和测试规程，适用于各类大数据系统，可作为大数据系统设计、选型、验收、检测的依据。目前已经在华为、阿里云、百分点、海康威视、新华三、中兴、南大通用等企业开展实验验证和试点示范，以帮助企业提升大数据产品的功能。依据该标准，国家批复成立了国家大数据系统产品质量监督检验中心。

针对大数据开放共享，开展了《信息技术 大数据 开放共享 第 1 部分：总则》（计划号 20171067-T-469）、《信息技术 大数据 开放共享 第 2 部分：政府数据开放共享基本要求》（计划号 20171068-T-469）、《信息技术 大数据 开放共享 第 3 部分：开放程度评价》（计划号 20171069-T-469）3 项国家标准研制工作，将进一步加大政府信息公开和数据开放力度，形成政府信息与社会信息交互融合的大数据资源，下一步将在全国各地进行实验验证和推广应用。

面向工业大数据领域，依据《智能制造 对象标识要求》（计划号 20170057-T-469）、《智能制造 制造对象标识解析体系应用指南》（计划号 20173805-T-339）标准开发了工业大数据 OID 数据标识管理系统，开展了应用试点，初步建立了工业大数据和标识服务平台；解决了企业数据利用率低、跨企业数据采集与共享技术不成熟、供应链上下游企业之间的数据集成共享困难等问题。

1.5.4 物联网的安全体系

物联网是互联网的延伸。从结构层次看，物联网包含互联网的全部信息安全特征，且比互联网新增加了感知部分。物联网安全要求对物联网的每个层次进行有效的保护，并且还要能够对各个层次全保护措施进行统筹。

物联网安全体系结构如图 1.7 所示。

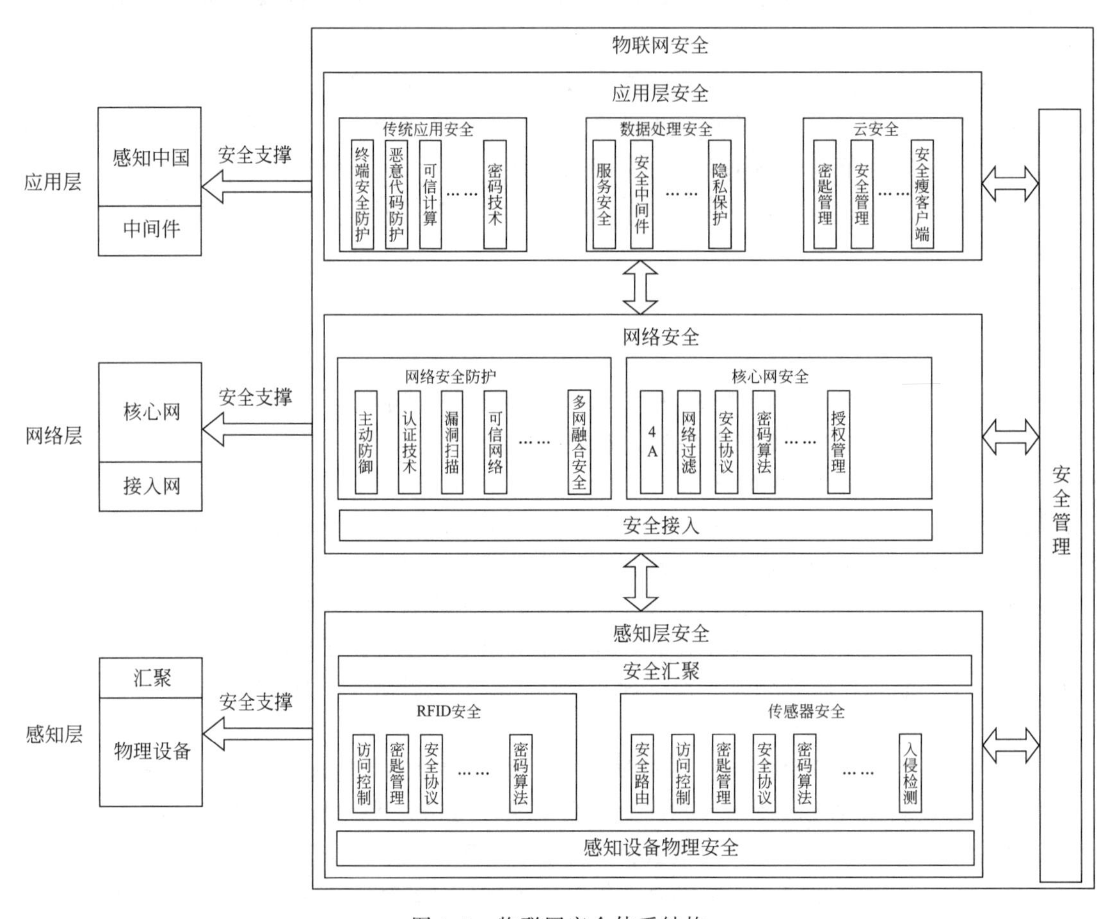

图 1.7 物联网安全体系结构

感知层安全主要分为设备物理安全和信息安全两类，由于物理安全的特殊性，感知层的安全措施重点在于信息安全方面。在感知层，成百上千的传感器节点、RFID 读卡器布置在指定区域收集环境数据。因为传感器节点受限于自身能量、计算能力和通信能力的不足，一般需要相互工作来共同完成任务，组内传感器节点相互协作收集、处理和聚集信息，同时通过多跳方式传递数据给基站或基站传递控制数据给传感器节点。传感器和智能传输终端之间所传送的数据是敏感的，不能被未获权的他方获得，因此感知层需要安全的通信机制。因为感知层的节点种类多种多样，无法统一要求有哪些保护服务，但机密性、完整性和认证性都是必需的。

在网络出现以后，网络安全问题渐渐成了大众关注的热点，加密解密技术、防火墙技术、安全路由器技术得以快速发展起来。因为网络环境变得越来越复杂，破坏者的方法越来越丰富，也越来越隐蔽、高明，因此对于入侵和破坏的检测防御难度也越来越大。网络层安全防护主要涉及加密、认证、访问控制、信息过滤、主动防御等安全机制。

物联网的应用层是核心价值所在，也是直接面向用户的，因此面临的安全威胁更为严重。物联网应用层安全涉及方方面面的问题，主要包括数据安全、服务安全和云安全。数据安全主要包括加密存储、数据保护和数据容灾等；服务安全包括身份认证、安全审计、消息安全和访问控制等；云安全包括虚拟化安全、可信访问控制、安全配置管理和瘦客户端安全等。

第2章 农业物联网与大数据标准体系设计

2.1 农业物联网系统架构和总体技术路线

基于云计算的农业物联网集成应用系统主要由农业物联网智能终端综合管理系统、农业业务综合应用系统、移动应用系统和农业物联网智能终端等组成。系统总体架构如图 2.1 所示。

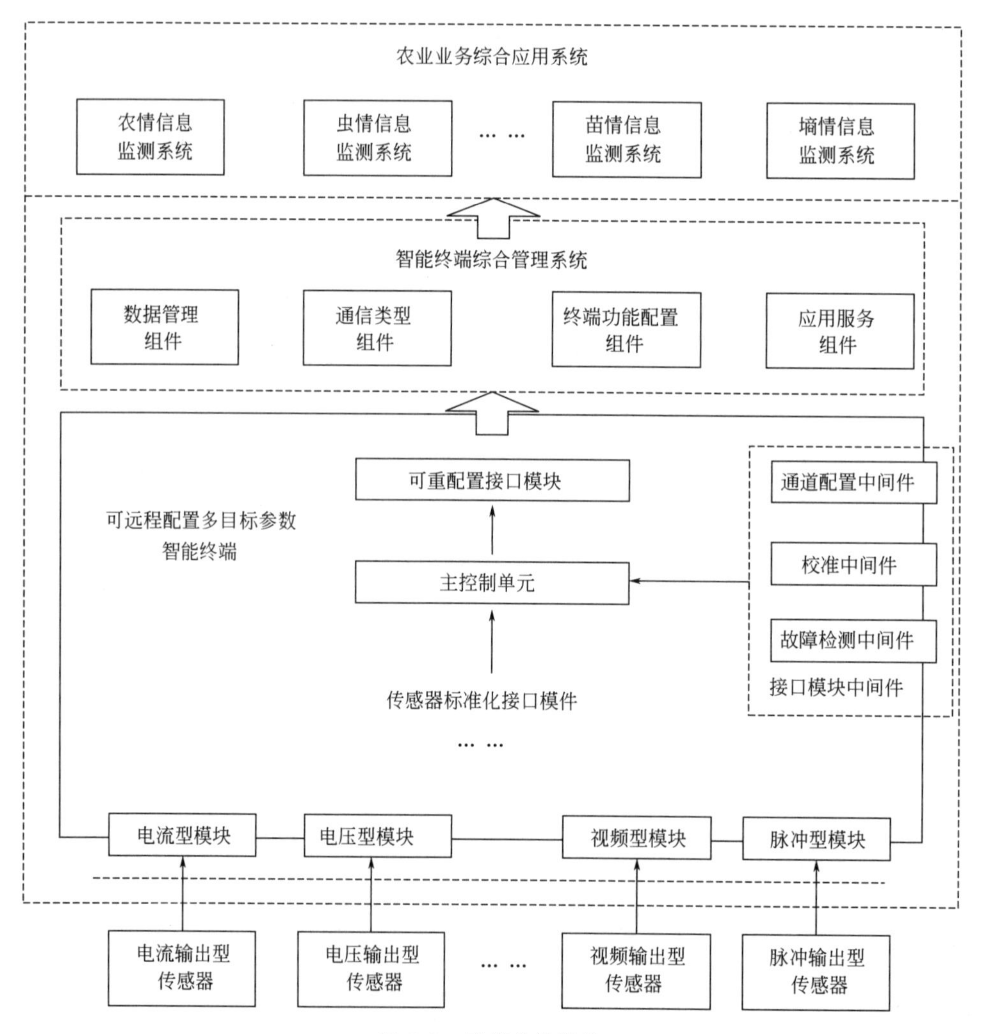

图 2.1　系统总体架构

“基于云计算的农业物联网集成应用研究”项目在技术路线的选择上，主要包括：

1）应用物联网技术开发农业物联网智能终端，实现对农情、虫情、苗情、墒情等监测信息和视频信息的综合采集，弥补传统终端采集数据单一的不足。

2）通过物联网技术的应用，研发农业物联网综合数据，实现了在农情、虫情、苗情、墒情等监测点已安装终端的数据无缝接入云平台，解决传统终端数据格式不统一、共享困难的问题。

3）应用云计算、虚拟化技术在农业数据中心搭建可供农业物联网系统运行的云服务平台，实现对农业物联网终端采集数据的接收、存储、转发、共享、分析和应用。

4）应用云计算和大数据技术整合农业信息自动采集资源，搭建农业信息综合服务云平台，为业务系统提供集视频、语音和监测数据于一体的综合数据服务接口，满足业务应用需求。

5）采用移动应用技术构建农业移动终端服务平台，开发“智慧农业”综合业务移动应用平台，提供基于移动应用的综合信息查询，实现重点工程信息的移动应用，满足业务管理的需要。

2.2 数据中心模型结构与设计

如图 2.2 所示是一个由云计算平台和多个局域性物联网系统构成的智慧系统，可采用局部空间自治、全局空间协同的计算模型。

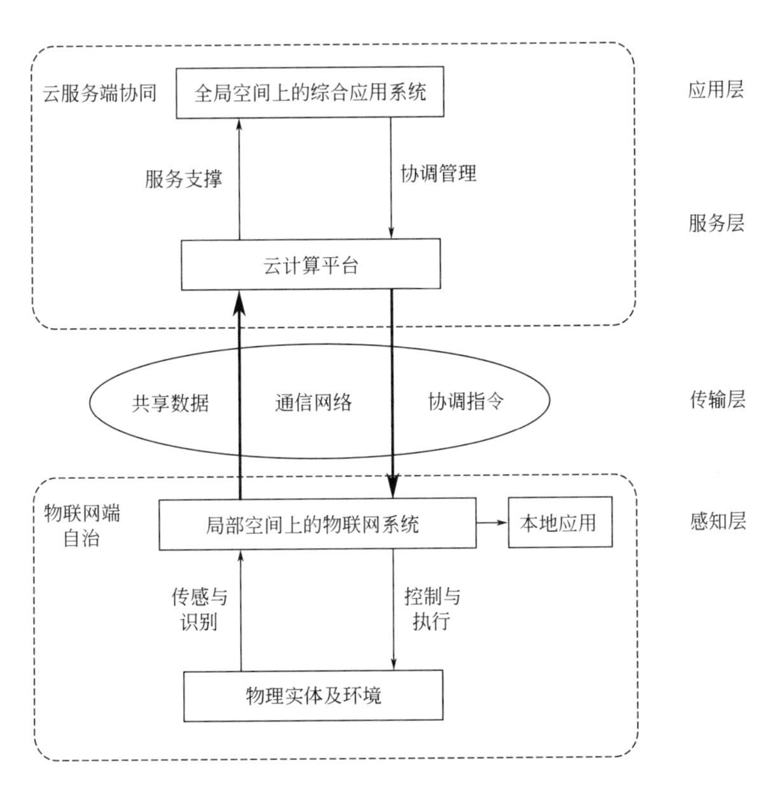

图 2.2 物联云系统模型结构

物联网是平台的前端系统，物理实体运行控制和物联网数据本地化应用具有局部空间上的自治性。物联网自治可以降低实时控制的时间延迟，节省数据上传的网络带宽和云存储空间，并有利于物联网个性化部署、规模扩展和本地化应用。

云平台是物联网的后端系统，物联网数据共享和综合应用具有全局空间上的协同性。服务协同可以有效利用云平台计算资源，为物联网大数据处理、全局性业务综合应用和决策支持提供服务支撑。

物联网系统在本地化服务的过程中，依照数据共享规则向云平台提交本地数据，同时，依照协同规则自动接收来自云平台的控制指令，或按需向云平台请求服务支持。

农业信息化基础设施建设主要包括网络传输层、计算资源层、存储资源和安全管理等四个方面，在不同的基础设施层上应用云计算技术实现农业基础设施的云管理。

农业信息化基础支撑层主要包括机房环境建设，服务器、存储等计算资源建设，路由器、交换机等网络资源建设，磁盘阵列、磁带库等存储资源建设和综合网管系统建设等五大部分。除了机房环境建设在云计算方面还不成熟之外，其他几方面都可基于云计算概念来实现。

按照云计算概念，整个平台由计算资源池、网络资源池、存储资源池、管理中心四部分组成。

如图 2.3 所示，云计算架构下的 IT 建设模式并没有完全颠覆传统 IT 的建设方式，在硬件资源大集中的前提下，先完成计算、存储、网络的资源集中化，同时增加虚拟化层与云层解决硬件统一整合以及资源按需分配的问题。

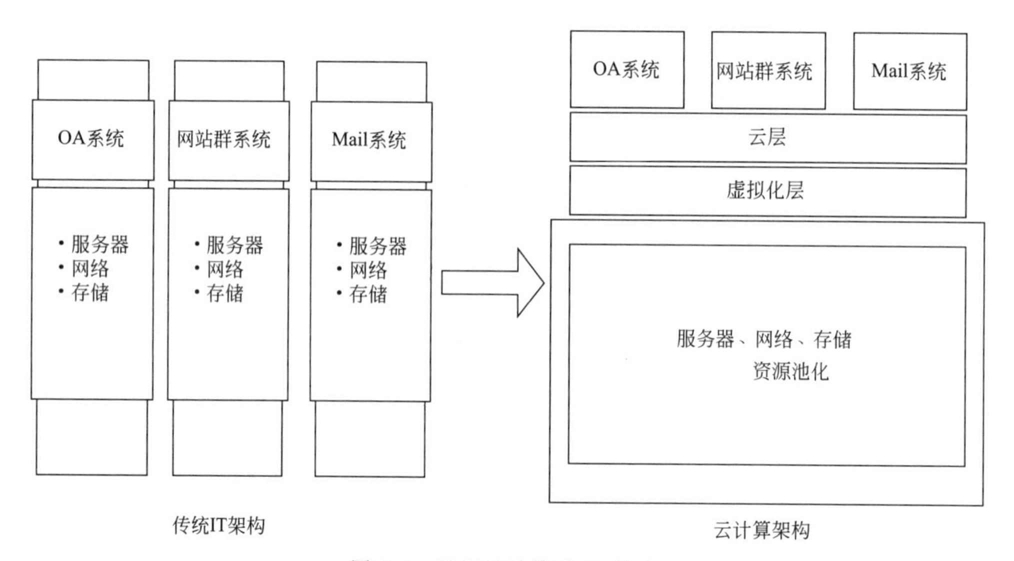

图 2.3　基于云计算的 IT 构建

随着信息化的深入，数据大集中以及信息交换要求很高的计算能力；传统信息化系统建设和运维的成本（包括空间成本、电力成本、维护成本等）在不断上升，而利用简单的设备叠加和增强设备性能难以解决上述问题。因此，信息化系统建设的核心需求为在 IT 建设模式上的转变。改变传统的“竖井式”IT 建设模式，引入云计算建设模式来整合优化当前信息中心内的硬件资源，提升数据中心的资源弹性、运行效率、交付能力以及扩展能力，并从根本上降低信息化系统的建设成本，如图 2.4 所示。

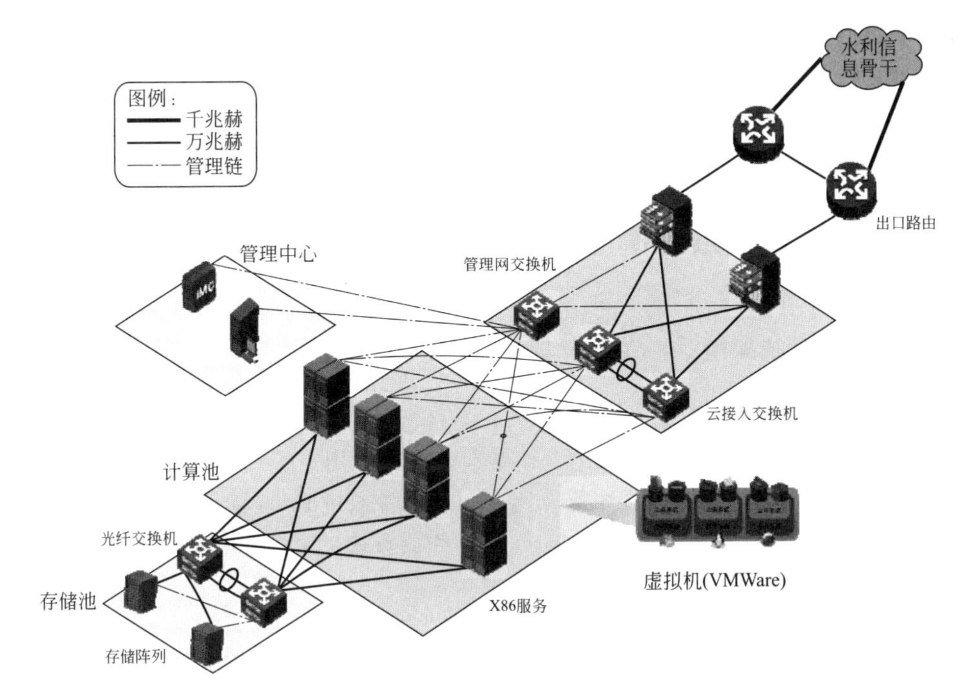

图 2.4　云计算建设模式

2.3　山东农业云数据中心应用

(1) 基础设施层

基础设施层包括：服务器设施、安全设施、网络设施、输入/输出设施、存储设施等，基础软件环境（比如操作系统等）。山东农业地理信息平台基础设施层保证了数据的快速传输、安全储存和高效管理，为整个软件系统提供了安全、稳定和高效的运行处理环境。

(2) 数据采集传输层

采集各类农业监测数据，如土壤墒情、温度（气温、水温、地温）、湿度、气压、风向、风速、日照等气象因子，并通过通信网络传送到农业数据中心。其他各类信息采用数传方式传到农业数据中心。

农业监测点、通信与计算机网络是以现有的广域网、局域网、无线网为基础，按照农情预报、墒情监测的管理需求，对现有网络设施、监测站点进行补充和完善。

(3) 数据层（山东农业数据中心）

数据层是系统的核心，遵循统一的技术规范和数据标准，由卫星遥感数据、农业基础地理信息数据、农业数据中心数据仓库数据、农业工程三维模型数据、农业专题地图服务产品数据和各种元素库组成。此外，空间数据间的逻辑维护组件也属于数据层。

该层实现的数据访问接口具有通用性，可根据不同的权限配置访问不同数据，以方便在上层实现二级应用单位以及其他农业部门的数据访问与数据共享。

(4) 应用层

根据面向服务应用的类型不同，采用 PaaS 应用模式（即“平台即服务”模式，是以地理信息系统为直接交付物的应用服务，是云计算服务模式之一），定制服务平台资源中的目录内容与具体需求相结合作为 PaaS 的应用，各类应用功能的方式被开发出来。这一层建立在服务层之上，人性化的应用界面由“一站式”门户的技术提供，直接利用服务平台所提供的资源信息和平台展示的系统方式。

2.4 终端综合管理系统模型结构与设计

2.4.1 综合管理系统架构

（1）CMS

实现业务的管理功能，如服务管理、设备前端管理、用户管理等。所有其他业务服务器都向 CMS 注册，客户端也向 CMS 注册，所有前端设备通过 PAG 注册到 CMS。所有其他业务服务器定时向 CMS 报告其状态。CMS 负责服务器资源的调配。CMS 也作为消息转发的中心。系统中设置一个 CMS 服务器。

（2）MDU

视频服务器的视频流或者客户端的传输请求由 MDU 接收，PAG 从前端获取视频再转发给客户端或视频服务器。MDU 可以设置多个。

（3）NRU

NRU 实现视频的查询、浏览、存储、回放、下载等功能。

（4）PAG

负责管理与前端设备的连接，转发设备与平台系统之间的消息及视频流，以及当设备的网络协议和平台内部网络协议不一致时的协议转换。

2.4.2 CMS 系统架构

如图 2.5 所示。

1）设备管理（PUM）　设备注册，设备列表维护，分组管理。

2）服务器管理（SUM）　添加/配置/删除服务器，服务器列表维护，服务器状态查询，服务请求的分配和响应。

3）报警管理（AM）　报警转发及报警联动策略的配置和执行。

4）用户管理（UM）　添加/修改/删除用户，用户权限分配，用户登录验证。

5）媒体会话管理（MSM）　处理和控制媒体流通道的建立和拆除。

6）消息分发　解析来自网络通信模块的消息包，转发给相应上层模块处理。

7）网络通信管理（NCM）　管理来自其他网络单元的消息连接、消息路由、消息收发、心跳包检测等。

2.4.3 综合管理系统研发

（1）系统主要功能

1）实时监测数据采集功能

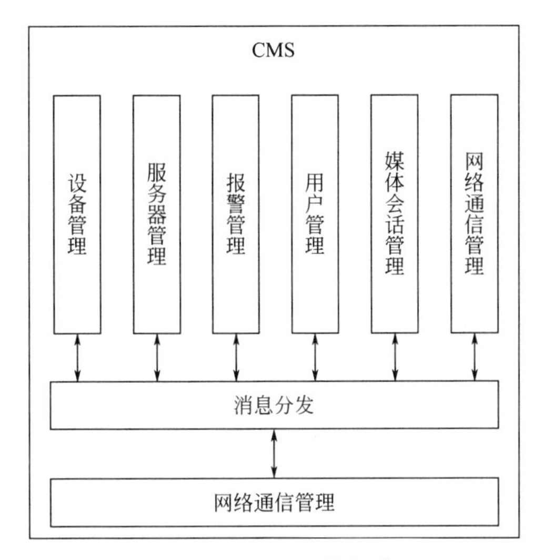

图 2.5　CMS 系统架构

2）数据处理功能

3）实时监测功能

4）数据存储功能

5）数据查询功能

6）智能控制功能

7）数据接入/转发功能

8）报警功能

9）系统互联功能

10）系统管理功能

11）用户管理功能

12）电子地图关联功能

13）冗余备份功能

14）多级控制功能

15）前端手机拍传

16）云端存储功能

（2）通信子系统设计

通信子系统总体架构如图 2.6 所示。

1）跨域路由　跨域路由架构如图 2.7 所示。系统中设置一个 DMC（域管理中心服务器），负责分配域标识和管理 CMS 的注册。为缓解 DMC 的压力，设置多个 DAG（域访问网关），每个 DAG 管理多个 CMS，每个 CMS 管理一个单域系统。所有 CMS 通过 DAG 向 DMC 注册，DMC 的通信模块的消息层建立一个到所有 CMS 的路由表，DAG 的通信模块的消息层也建立了所有通过它进行注册的 CMS 的路由表。这一过程类似于 PU 通过 PAG 向 CMS 注册。当两个要传递消息的 CMS 位于同一个 DAG，则消息直接通过该 DAG 进行转发，如果两个 CMS 位于不同的 DAG，则消息还要经过 DMC 去转发。这一过程类似于单域系统中两个 PU 之间的通信。跨域路由见图 2.8。

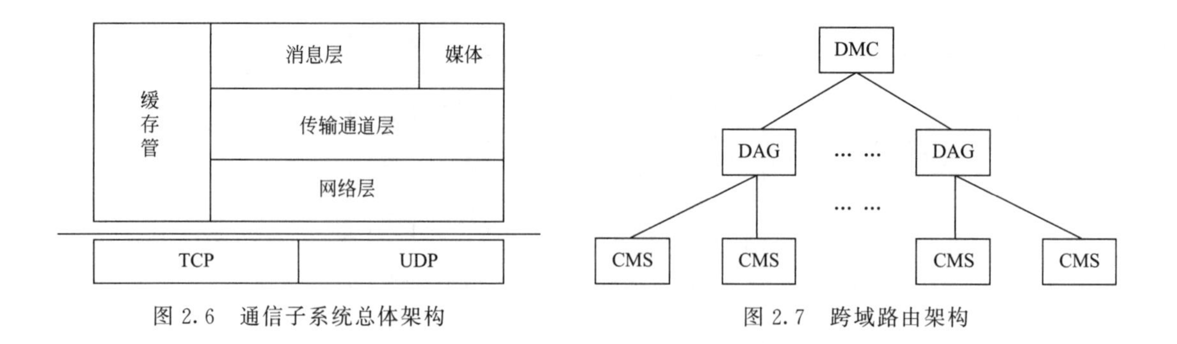

图 2.6　通信子系统总体架构　　　图 2.7　跨域路由架构

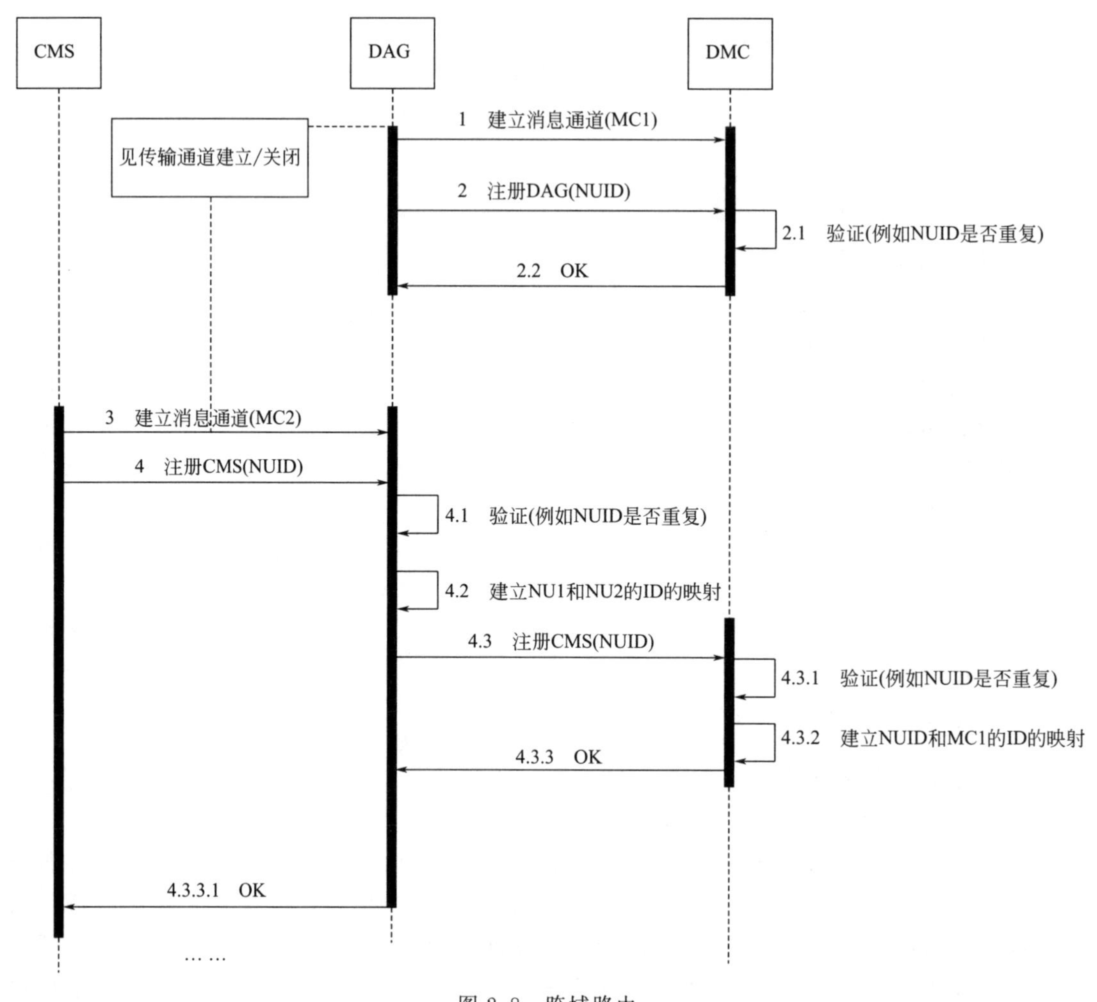

图 2.8　跨域路由

2）传输通道建立/关闭　见图 2.9。

3）传输通道状态图　见图 2.10。

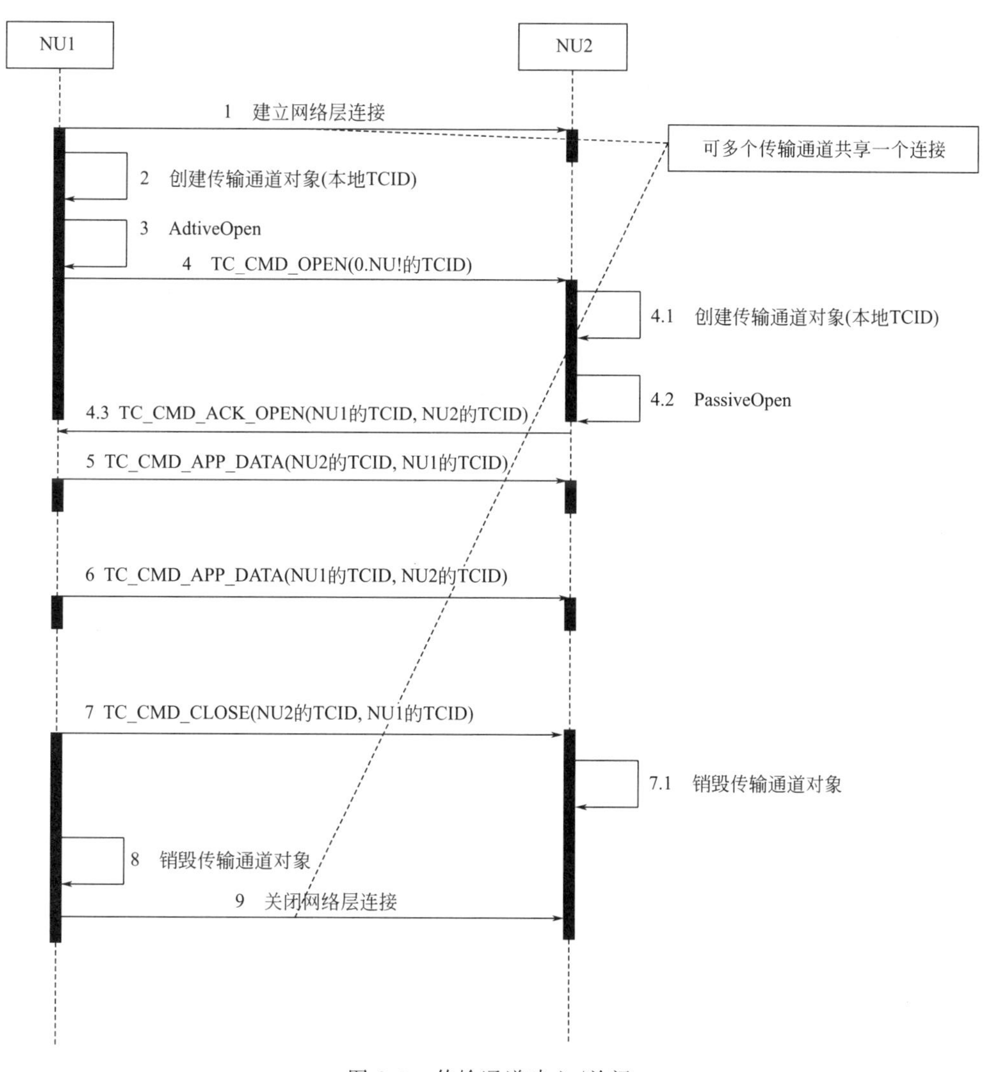

图 2.9　传输通道建立/关闭

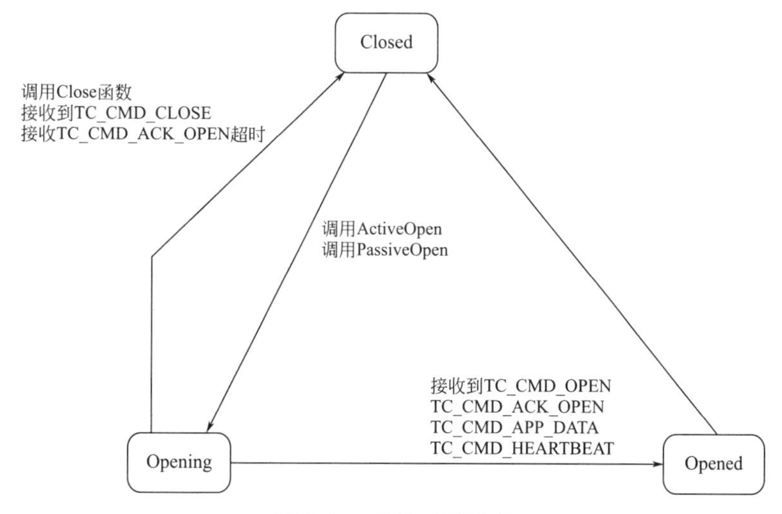

图 2.10　传输通道状态

2.5 农业物联网系统部署模型结构与设计

(1) 农业物联网的拓扑结构

农业物联网拓扑结构如图2.11所示。

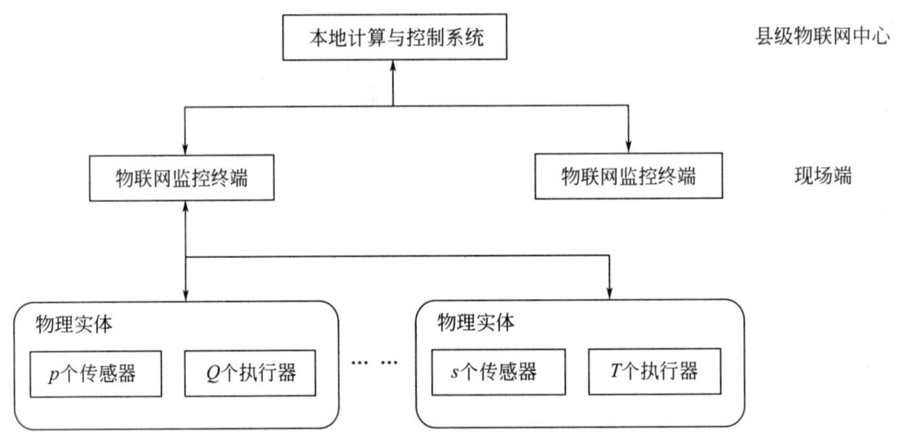

图2.11 农业物联网拓扑结构

传感器记录物理实体的实时状态，执行器实现对物理实体的实时控制。

物联网监控终端依照数据采集规则，提取、汇聚和处理各传感器上的输出数据，并依照现场端自治权限生成控制指令，驱动执行器运行。

本地计算与控制系统对来自各监控终端的感知信息进行综合处理和本地化应用，同时为云平台提供全局共享数据，并接收来自云平台的协调指令。

(2) 农业物联网传输网络

农业物联网有很多分布的环节，如前端接入网、中心交换网、传输骨干网三部分。

前端接入网主要应用在物联网的终端设备的前端（采集感知节点）与关于农业方面的物联网工程的本地监控中心（本地管理节点），还有电子监控中枢的区域之间（区域管理节点），把从前端捕获的信息通过网络接入，传输到区域管理节点或者本地管理中去。

传输骨干网主要分布在物联网的监控中，保证了省级物联网到各个市级物联网工程监控的宽带资源和通信线路。

中心交换网是各级监控网络中心内部的区域网络，使得管理平台设备、用户终端通过网络连接，并将传输骨干网和关口设备相连接。

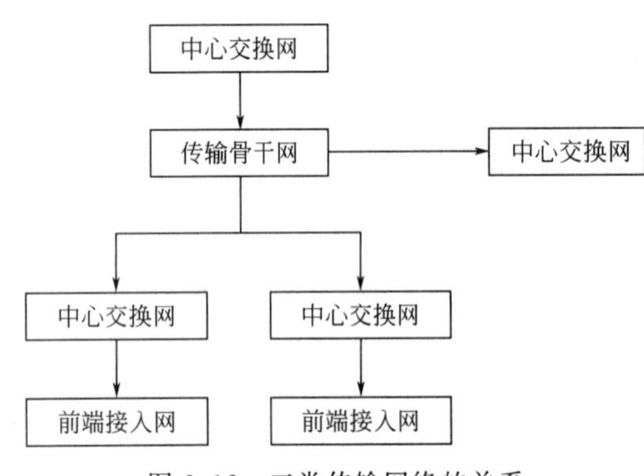

图2.12 三类传输网络的关系

三类传输网络的关系如图2.12所示。

(3) 农业物联网前端接入网

1) 农业物联网工程监控系统网络可以为专门敷设的线路、公共通信网络、租用线路等多种载体所利用。

2) 如果本地监控中心距离监控点比较远，可以采取无线传输或者光纤线路传输的方式。

① 光纤线路的传输。很远距离的传送，可以通过光端机的光和电转换来实现本机检

测和前端设备的长距离传输，避免接收与发送的信号受到影响。关于被编程的监控点 DVR，通常 DVR 的输入线路比较多些。图 2.13 为长距离光纤传输的编码设备选用 DVR 的连接模型。图 2.14 为长距离光纤传输的编码设备选用 DVS 的连接模型。图 2.15 为采用网络摄像机进行采集、编码的连接模型。

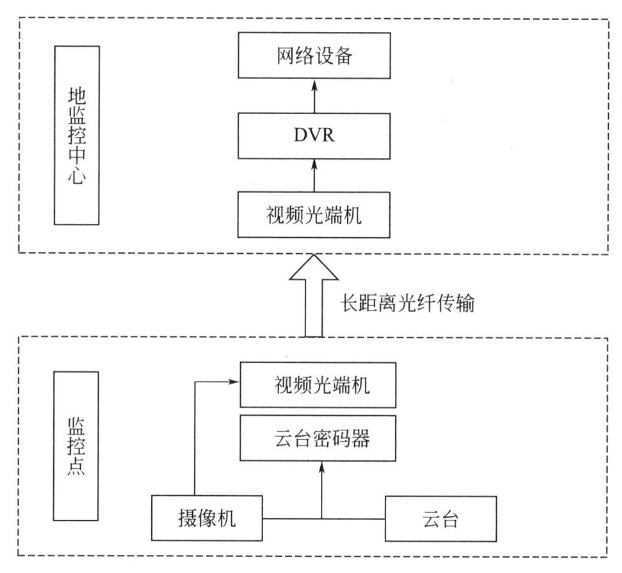

图 2.13　编码设备选用 DVR 的连接模型

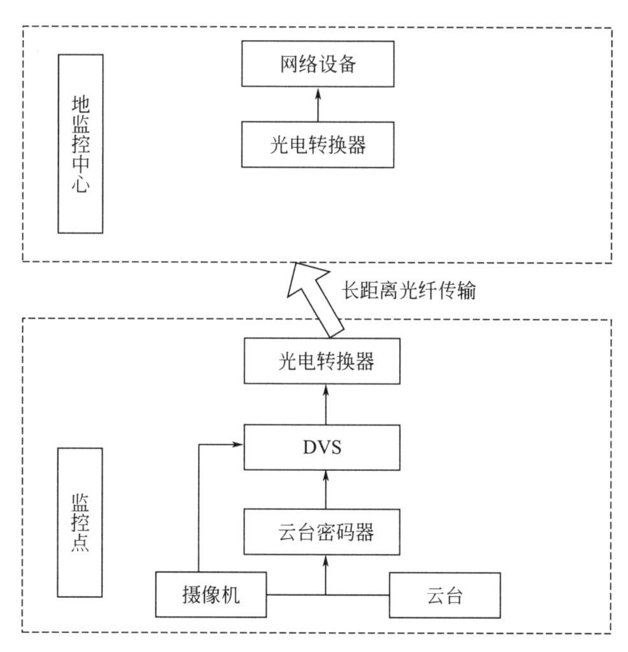

图 2.14　编码设备选用 DVS 的连接模型

② 无线传输。在不容易安装光纤的线路以及地理条件恶劣的环境中，传输可以通过数字微波传送、4G 网络、WCDMA/3G 网络、卫星与无线通信的方法来建立网络接入，要求在图形传送完成以前提前完成编码。图 2.16 利用了数字微波技术，图 2.17 利用了 WCD-MA/3G 无线网的传输。

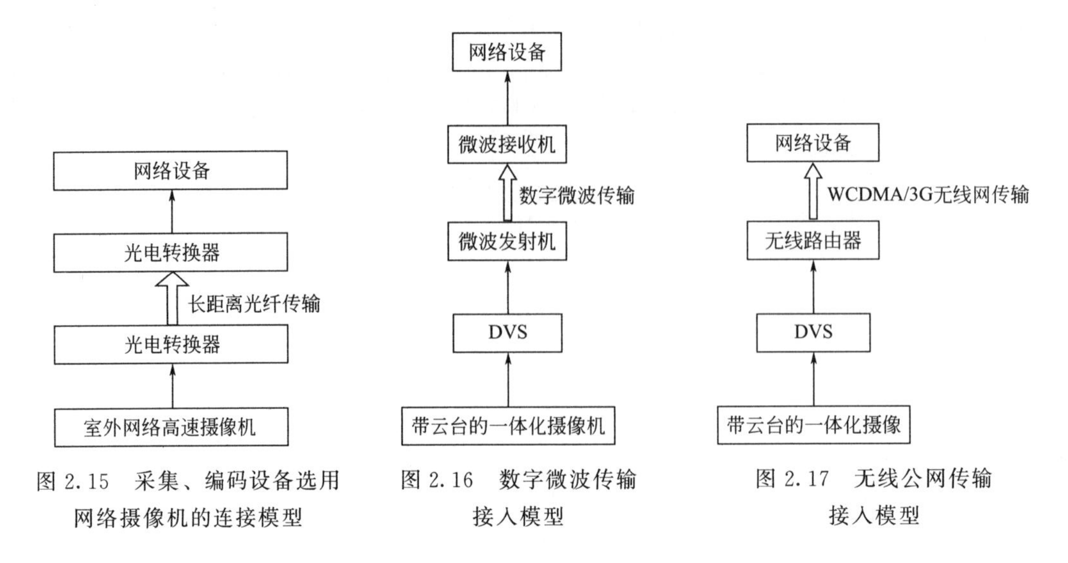

图 2.15 采集、编码设备选用网络摄像机的连接模型　　图 2.16 数字微波传输接入模型　　图 2.17 无线公网传输接入模型

3）对于监控点距离本地监控中心不是很远的情况，可以采取租用 2M 专线的方式，要求不高的也可以租用 ADSL 线路。

4）传输方式的选择。为实现远程实时图像传输以及满足远程控制的要求，视频图像信号传输部分特别是前端接入部分，应根据监控点布设区域的实际地理环境和网络环境来选择不同的传输方式。

2.6 农业物联网智能终端模型结构与设计

(1) 农业物联网终端设计思路

农业物联网终端设计基于传感器接口相关标准，设计传感器标准化接口模块与中间件，解决传感器接入的信号适配、数据描述、协议转换等一系列关键技术问题。通过对传感器标准化接口模块与中间件进行集成，开发出支持传感器互换、即插即用的可远程配置多目标参数智能终端，实现传感器数据的采集与获取，并针对不同场景需求，通过应用开发平台提供的开发环境对其进行配置，研发出面向农业信息监测物联网的终端产品。如图 2.18 所示。

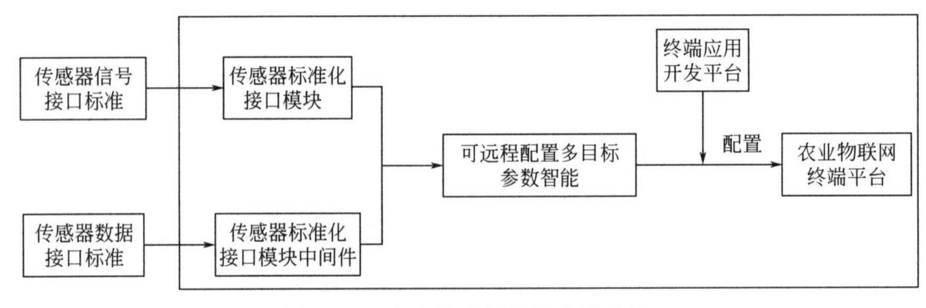

图 2.18 农业物联网终端设计思路

(2) 标准化接口模型设计

对于不一样的传感器接口，先将信号接口作为基础（传感器应是标准件），制造出标准的端口模块，这样才能解决电气信号不相同的问题。当传感器接入时，实现物联网感知层信息获取的各种传感器即插即用和互换集成。

按照国家标准传感器信号接口分类，针对典型的传感器输出接口类型，实现电流型、电压型、电阻型和脉冲型传感器标准化接口模块的技术实现方案。

（3）标准化接口模块中间件设计

传感器中间模块的设计标准应建立在国家标准的基础上。通过使用标准化中间件访问接口或标准化中间件集成库，传感器标准化接口模块能够快速地对接入的不同输出类型传感器进行识别、配置、校准和状态检测等，从而在集成应用设计中为传感器标准化接口模块提供规范化的配置过程和标准化的接口管理。

针对不同类型农业传感器的接入，传感器标准化接口模块中间件包括通道配置中间件、校准中间件以及故障检测中间件。

第3章

农业物联系统工程与应用

3.1 农业物联信息系统需求分析

传统农业向现代农业转变过程中，对物联网信息系统的需求主要体现在以下几个方面。

1）规模化农业　随着农业机械化水平的提高，农业规模化趋势也将加强。规模化的农业生产、新型农业经营主体以及各主体间专业分工，必将引致互联网信息技术应用到农产品的种植、施肥、管理、收割、储存以及加工等活动中。

2）高科技农业　高科技农业的生产过程有高度的自动化和精确化。全环控植物工厂、自动空气循环系统、智能灌溉、自动采收系统等都离不开农业物联网系统。

3）现代产品营销　网络营销将成为农产品的主要营销方式。农产品实施网络营销，不仅可以让农产品的品质在消费者心中得到认可，而且能树立农产品的品牌形象；将有利于实现农产品的产供销一体化，推动我国农业经济的发展。

另外，农业物联网系统在推动农业文旅、品牌农业建设、农产品安全等方面也有着广泛的需求。

（1）物联网技术对农业发展的作用

1）农业标准化生产　通过采集温度、湿度、pH值等影响农作物生产的环境因素数据，对数据进行分析、比对，发出调控指令，达到自动控制灌溉、施肥等调节农业生产环境的目的，从而让植物生长达到最佳状态。物联网的应用有利于实现农业标准化生产和精确化生产，其结果是提高土地的产出率，增强农业抵御自然灾害的能力，减少面源污染。

2）农产品信息追踪与监控　通过对农产品信息追踪与监控，可以实现农产品的种植过程全程溯源。物联网技术建立了从农产品的生产、加工、检测、储存到运输、销售的全过程监控和追踪系统，使消费者能轻松地查阅农产品的全部信息，如农产品的产地信息、生产者信息、施肥及农药使用记录等生长过程的信息，以及质量检测、运输、销售等方面的信息。对于生产者和消费者，还可以通过实时监控视频看到农产品生长的环境。

3）农业智能化信息服务　实现农业智能化、信息化是利用现代科学技术手段改造传统农业的重要途径。把农业物联网、大数据和移动互联网等信息技术结合起来，建立新型农业信息服务模式，建立数据库与网络系统、农业专家系统、智能化农机具系统、农田地理信息系统、农业生态环境监测评估系统等，通过对农业生产全过程的信息感知、采集、存储、传递、分析和处理，实现农业生产的自动控制和精准管理，并为农业生产者、消费者和农业管理服务机构提供资料查询、技术咨询服务、辅助决策等。

（2）农业物联信息系统建设的必要性

目前，我国的农业生产大部分仍采用传统农业生产方式。主要表现在：农业规模化生产程度低，农业机械化程度低，农业装备、设施不完善，农业生产模式相对粗放和落后，自动化程度低，农业生产者缺乏科学的农业生产技术和管理技术，缺乏农业生态、环境保护意识等。其结果必然是农业生产效率低，受地理环境及天气影响大，抗自然灾害能力低下，资源利用不科学等。

要改变我国农业生产的现状，加速传统农业向现代农业的转变，则离不开农业物联信息系统的建设。在现代农业生产中，广泛采用了与物联网信息技术密切相关的生产模式和生产、管理技术，包括：实施农业机械化、自动化生产，以提高农业生产效率；采用智能灌溉技术，以保证水资源的合理利用；科学地使用农药、化肥，以降低农业面源污染，保护农业生态环境；作物生产过程数据监测采集，气候变化以及病虫害发生预测和决策；农产品安全追溯；对农业生产进行远程化、可视化、网络化管理等，从而实现农业生产集约、高产、高效、优质、生态和安全的目标。

（3）农业物联信息系统建设的意义

农业物联网建设有利于缩小城乡信息化差距，实现农业资源整合。

国民经济的快速发展给农村经济带来天翻地覆的变化，但在信息化技术的应用和发展上，广大农村特别是偏远农村还存在着不同程度的落后。农业从业者信息化意识薄弱，掌握的现代知识和技术比较少。加大对农业信息化建设的支持力度，缩小城乡之间的信息化差距，才能促进城乡经济协调发展，实现全社会共同发展。

利用信息技术，推广农技信息化，整合农业资源，能够提升农技水平，提高农作物产量和农业生产力、生产效率，增加农业人口收入，促进农业高效快速发展，支持新农村建设，推动经济发展和社会进步。

3.2　农业物联信息系统网络部署设计

以农业物联网顶层设计为基础，以农业智慧云计算机房、云计算基础设施、云计算支撑软件和大数据应用软件为依托，通过虚拟化资源配置，建立安全可靠、性能稳定、信息共享、互为备用的云数据资源中心，为系统软件提供基础设施和数据资源环境。

按照以上综合估算，需要使用以下设施：

（1）数据服务区

1）数据库服务器 2 台，为高性能的 64 位中高端小型机服务器，并配置并行运行的数据库管理软件。

2）多媒体服务器 1 台，为中低端服务器，主要用于存放图片、音频、视频以及其他非结构化文档数据，连入 SAN 存储网络。

3）应用服务器 6 台，根据应用服务的分类，安排 6 台应用层服务器。

4）图形工作站 1 台，用于图像处理和 GIS 桌面软件运行服务。

5）负载均衡器 2 台，通过在 Web 应用服务器连接负载均衡器，实现双机热备和负载均衡。

（2）数据交换区

运用非常高速的数据交换设备，所有设备和交换设备之间的物理连接都采用光纤，保障数据交换保持在高速的水平上。

包括2组SAN交换设备（互为热备）、1套SAN管理软件。

（3）数据存储区

放置连接各服务器共享的存储设备和数据安全备份系统的存储设备，如：磁盘阵列、磁带机。磁盘阵列主要用于数据库与数据仓库数据的在线存储，存储那些访问频繁而且需要高速存取的数据；由于整个系统的运行维护策略，磁带用于实时或定期对磁盘数据进行增量或完全备份。

3.3 公共支撑子系统设计

农业物联信息系统建设网关、通信系统、安全体系、云平台、统一CA认证，以及数据采集、加工、存储、共享交换等相关软件支撑系统。

3.4 农业物联信息系统平台数据字典与数据库设计（典型）

采用大数据监控与数据采集平台，针对多源、异构、标准不一的现有存量数据，采用数据整理建库、ETL抽取整合、数据库连接注册、数据服务集成等多种方式实现存量数据整合建库。

重点建设数据中心及涉农信息资源相关数据库的数字化处理及整合。建设进村入户工程空间、耕地资源管理、测土配方施肥管理、农产品价格行情、农业灾害控制、农情及生产管理、农作物、农业病虫害、农业区域布局管理、农业建设成果展示、信息社、气象监测、日常运行、公益服务、就业信息、政策法律、村务信息和文化娱乐等18个大类数据库。

3.4.1 数据库数字化处理及整合

（1）数据采集

1）关系型数据库资源的采集　系统提供数据网关关系型数据库，用于业务资源采集入库。数据采集支持各种主流关系数据库，通过计划任务的方式运行，根据不同资源类型发布实时要求，采集配置资源时的频率同步。在采集数据过程中，支持数据的转换、合并、连接等数据处理。

2）图片资源的采集　系统提供图片单篇和多篇入库机制，提供图片的采集、元数据标引、水印。

3）音视频资源的采集　系统提供音视频信息的采集、制作、格式转换、元数据标引、发布和管理等功能，支持主流音视频格式，包括H.263、avi、xvid、mpeg、dv、vob、3gp、mov、wmv、rmvb、mp4、asf、rm、divx等格式。

4）业务系统应用接口采集　系统通过数据库底层采集模式或开发平台应用层专用接口，对业务应用系统的数据进行自动采集。

5）批量文件数据导入　对于外部封装完成的各种数据包，系统提供管理配置接口直接对数据执行导入操作。系统支持导入过程中对重复信息的自动检查和处理操作；可以一次性选择多个文件或者本地目录，支持图片、MS Doc、HTML 文件、MS Excel、纯文本等多种格式。

对于非电子化文档，系统在完成归类梳理工作的基础上，进行提炼及电子化操作，形成统一的 Word、Excel、Txt、XML 等文件采集常用格式，以便采集设备进行批量处理。

(2) 数据清洗

数据清洗时要对数据进行重新校验和审查，包括对错误的信息进行改正，对重复信息予以删除，并提供数据的一致性检查。

1）残缺数据　残缺数据主要是指一些信息数据不完整或不匹配。通过数据清洗将这类数据过滤出来，补全后写入数据仓库。

2）错误数据　系统在输入时没有进行判断，直接写入后台数据库造成的错误数据。

3）重复数据　重复数据常出现在维表中。对于重复数据，需要将其记录的所有字段导出来，整理并删除。

(3) 数据加工

ETL 数据整合主要工作是抽取各业务系统的原始数据，经过数据的转换、清洗和加工，将不同业务系统中的同类但不同描述的数据进行归一化处理，形成标准的一条数据，最终加载到综合业务数据库。

由于从数据底层抽取的数据可能会存在数据不完整、数据输入错误、数据格式不一致等情况，因此需要对抽取的数据进行数据的加工和转换，目的库的要求才能够得到满足。

数据加工可以在 ETL 引擎中进行，也可以在抽取数据过程中利用关系数据库的特性同时进行。

3.4.2 空间数据库

农业基础空间数据库建设的目的，是为农业信息化建设提供区域地理空间平台，为农业各业务部门提供空间定位数据、基础地理信息数据。通过建立多信息源、多尺度、多分辨率的空间地理信息框架，建立区域重要范围内的基础地理信息数据库的实体，实现多种类型海量空间数据的集成管理。

建立基础地理信息数据库是建设农业基础空间数据库的重点，其比例尺采用 1∶5000、1∶10000、1∶50000 等，其内容主要包含矢量地形图数据、地名数据、元数据等。

农业普查数据：基于 1∶50000 精度数字地图（DLG），经过空间位置校正，能够与影像数据无缝叠加的农业基础数据。

矢量地形图数据：根据全区域收集的电子地图整合后的数据，包括行政区划、河流、道路网、绿地等基础地理数据。

地名地址数据：管理地名和地理名称对象、地名地址数据存储、基础地理要素对应关系等数据。通过业务管理库、定义域基础地理数据库、元数据的接口进行数据交互和应用，基础地理数据库的联动更新可以通过地理名称对象与基础地理要素对应关系来控制。

元数据：描述数据属性的信息包括数据服务、数据生产、数据管理三个阶段产生的相关信息。在建库时同时建立要素级元数据、建立数据源级，记录数据流转各环节中对数据进行的发布、分发、处理、整合等操作全程所产生的信息。

兴趣点数据：收集到的全省市兴趣点数据，包括两种，一种是在电子地图上直观展示的图形数据，另一种是在数据库中存储的属性数据。前者是后者的部分数据。

3.4.3 耕地资源管理数据库

该数据库主要包含耕地资源属性类表和耕地地理评价类表，主要由耕地资源基本信息表、耕地资源地形地貌信息表、耕地土壤信息表、耕地资源利用情况信息表、耕地资源地理评价表及耕地资源土壤评价类表等组成。

3.4.4 测土配方施肥管理数据库

该数据库主要包含土壤养分类表、土壤养分评价类表和综合施肥信息类表，主要由土壤养分基础信息表、土壤养分监测信息表、土壤养分评价表、综合施肥方法表、配方肥基础信息表等组成。

3.4.5 农产品价格行情数据库

该数据库主要包括种植业、渔业、林业、畜牧业等的农产品价格信息表、农机农资价格信息表、供应商信息类表、应季蔬果信息表、热卖产品表、产地行情表、最新供应价格信息类表、最新采购价格信息类表等组成。

3.4.6 农业灾害控制数据库

该数据库主要包含土壤墒情信息类数据、病虫灾害信息类数据和农业灾害评价类数据。土壤墒情信息类数据包括土壤墒情监测信息表和土壤墒情评价信息表等；病虫灾害信息类数据包括病虫灾害信息表和病虫灾害进度信息表等；农业灾害评价类数据包括地区降水量信息表和自然灾害信息表等。

3.4.7 农情及生产管理数据库

该数据库主要包含农情专题类表、“四情（苗情、墒情、虫情、病情）”监测类表和农田管理类表，主要由农情基本信息表、农田状态信息表、农作物种植分布表、病虫害分布表、土壤质地分布表、农田旱情分布表、四情监测信息表、设施蔬菜信息监测表、食用菌信息监测表、现代果园生产信息表等组成。

3.4.8 农作物数据库

该数据库是在特定的作物管理知识的基础之上建立的。通过改变数据库文件，很容易就可以实现对不同作物进行有效管理的目的，如最常见的基本的生理特点、病虫害相关信息、灌溉施肥的相关数据管理等数据。用户可以增加对作物的认识，了解日常管理需要注意的信息。对于用户来说，一般常见的问题都可以得到方便的解决。

3.4.9 农业病虫害数据库

农业病虫害数据库主要数据内容是对农作物生长过程中常见病害的描述。常见病害主要包括：轮斑病、白叶枯病、红粉病、白粉病、细菌性角斑病、枯萎病、根结线虫病、黑星病、炭疽病、猝倒病、花腐病、病毒病、蔓枯病、霜霉病、灰霉病、菌核病、叶枯病、疮痂病等。这一数据库可以分为两个子库：防治方法数据库、症状数据库。

3.4.10 农业区域布局管理数据库

该数据库主要包含农业区域属性类表、农作物种植分类表和农业区域评价类表，由农作物区域布局基础信息表、耕地适宜性评价表、耕地土壤监测数据表、土壤污染情况表、农作物种植适宜性表、农作物生长因素表等组成。

3.4.11 农业建设成果展示数据库

该数据库主要包含农业示范区信息类表、农业服务机构信息类表和特色农产品信息类表，主要由现代农业示范区基础信息表、农业技术服务机构基本信息表、特色农产品基础信息表、特色农产品分布区域表、物联网基地基本信息表等组成。

3.4.12 信息社数据库

该数据库主要对信息社信息进行集中记录，主要包括信息社运行动态、信息员基本情况、信息社服务范围、信息社地址、信息社类型、常用联系方式表等。

3.4.13 气象监测数据库

该数据库主要包括气温监测表、降雨监测表、土壤墒情表、降雪监测表、阳光照射时长表、大雾预警表、大风预警表、冰雾预警表、台风预警表、卫星云图表等。

3.4.14 日常运行数据库

该数据库主要包含权限管理类表、设备和人员管理类表和日志管理类表，主要由服务访问日志表、用户基本信息表、岗位基本信息表、人员权限信息表、角色信息表、运维监控日志表、设备和人员基础信息表、场景基础信息表、采集设备基础信息表、控制设备基础信息表等组成。

3.4.15 公益服务数据库

该数据库主要包括 12306 服务热线表、强农惠农政策表、三农类表、农技推广类表、远程诊疗类表、市场行情分析订阅类表、法律援助类表、专家咨询类表、务工信息类表、通知公告类表、政策咨询类表、预警信息类表、生活通信缴费类表、邮政类表、信贷类表、小额提现类表、车船保险类表、车船票类表、机票类表、酒店预订类表、医疗挂号类表、快递收发类表、违章查询类表等。

3.4.16 就业信息数据库

该数据库包括知识管理表、就业培训表、就业指导表、职业介绍表、在线报名表、在线课堂表、问答咨询表、招工信息表、工程分类表、在线申报表、学员信息表、考试成绩表、学员知识数据梳理表、课程规划表等。

3.4.17 政策法规数据库

该数据库包括农业扶持政策表、投入政策表、产业政策表、减负政策表、农业保护政策表、法律条文表、法律咨询表等。

3.4.18 村务信息数据库

该数据库包括乡村的政策信息、政务信息、事务信息、财务信息、民情数据等各类信息数据。

3.4.19 文化娱乐数据库

该数据库包括文化类、体育类、娱乐类相关数据类表的存储。

3.5 研发与运行部署平台的选择

运用 WSN（无线传感网络）、RFID（非接触自动识别）、NB-IOT 等关键技术，借助 IOT 开发组件，构建物联信息感知、传输、处理三大子系统，按照云计算开发规范，研发部署在云端的分布式计算平台。

3.6 农业物联网与大数据应用子系统设计

（1）建设思路和策略

农业大数据系统的建设分为三个步骤：

1）大数据云平台建设　通过搭建农业大数据云平台，构建云数据服务模型框架。

2）大数据标准体系的建设　建立农业大数据各层次的标准和规范，对农业信息技术应用实行标准化管理，对农业信息数据在利用、采集、分析、传递、存储各环节建立统一的技术标准，采用技术统一、使用高效、资源共享的标准化管理。

3）农业应用聚合创新　通过整合农业丰富资源、内外资源服务功能，提高农业信息化的合成应用、深度应用的高端应用水平和能力，聚合创新原有的农业应用系统。

其中，最为关键的步骤是农业大数据云平台建设。

（2）建设目标

农业物联网与大数据平台的建设目标为：

1）构建农业数据资源平台。

2）构建农业大数据应用平台和专业数据库。

3）构建平台的应用分析。可以通过分析应用平台进行成果发布，形成农业领域专业研究的权威成果发布平台，为农业生产及经营、农业科技研究、政府部门、社会公众提供服务。

（3）建设要求

一是整体与多元考虑并存。使业务的和农业多部门的宽幅需求得到满足，随时了解不同业务、需求变化，标准化解决，规范化集中，确保农业大数据云平台长期的服务能力。

二是阶段性与前瞻性相结合。需要具有合适的前瞻性，充分考虑到未来的需求变化方向和技术发展方向。

三是阶段性与标准化相结合。充分考虑未来农业业务服务内容的拓展，使系统能在较长时期内适应农业业务发展的需要。

四是安全性与先进性相结合。多样的数据信息被农业大数据承载着，所以使用先进技术的同时，也要保证系统运行的安全与稳定。

3.7　农业物联网与大数据子系统应用实例

农业信息资源开发利用的关键因素是农业数据标准规范体系的建设。随着农业数据大规模增长，迫切需要出台相关标准规范体系予以支撑，按照统一标准、统一规划、顶层设计的原则，重点从处理、传输、利用和采集几方面全面规划标准技术规范体系框架。标准包括数据交换标准、信息分类编码、标准数据元素标准等。这些标准的建立，将贯穿数据建模、后续应用、信息需求分析等的全过程。

3.7.1　测土配方施肥服务系统

农业部印发的《2014 年种植业工作要点》中，要求各地推进配方肥到田和施肥方式转变，重点解决“看病、开方”后的“抓药、用药”问题，利用“大数据”与相关化肥生产企业合作推广配方肥，同时还开展测土配方施肥手机信息服务和新型经营主体科学施肥示范试点，提高肥料利用效率。

3.7.2　基于大数据技术的大棚智能控制系统

（1）监测系统

利用传感技术和现代网络通信技术，采集温室大棚种植中的关键要素，如光照强度、空气、二氧化碳浓度、土壤的温湿度等数据，并将数据及时传送到控制终端和大数据服务中心。

（2）控制系统

控制系统接收大数据服务中心和控制终端的命令，可以进行相应操作，如对灌溉装置、卷帘机、风机等进行控制，实现农业生产的精准管理、智能化管理。

(3) 控制终端

在手机等移动终端设备安装智能控制系统终端软件，使用户可以实时获得监测信息，并可以随时进行相应操作。

(4) 大数据服务中心

大数据服务中心可以基于云计算建立，可以建立不同农作物的生长模型。根据监测信息，系统能自行决定在何种条件下，对何种设备进行操作，减少人工干预，提高生产效率，做到精确控制，节约生产成本。

病虫害的发生与温湿度、土壤情况有密不可分的关系，通过对历史数据进行分析，结合建立的数学模型，可进行病虫害发生预测。根据这类预测，生产者就可通过施肥等来改善土壤结构，调节大棚内温湿度，从而有效避免病虫害的发生，进而减少农药的施用，提高农产品质量。

3.7.3 作物成熟度与上市期预测

通过对历史生产数据进行分析，结合当前的气象数据，可对农作物成熟度进行预测，并预估上市时间。生产者可根据当前及历史的市场价格走势情况，通过调整温湿度及施肥情况，调整农作物成熟时间；通过调整养殖温度计、饲料供给、保鲜等人工干预，调整产品上市时间，以获得最好的收益。

例如，湖北湘口现代渔业园区建有一座河蟹恒温活体保鲜库，在螃蟹上市高峰时，如果收购价偏低，则通过电脑控制恒温保鲜，实现错时上市。

3.7.4 农业灾害预测

农业生产受气象条件影响很大，洪、涝、大风等都会对农业收成带来直接影响。对历史生产数据与历史气象进行综合分析，可得出降雨量、风力等气象与产量的关系，根据这些预测结果，在类似天气出现之前，采取适当的预防措施，保证农作物产量。

3.7.5 农村土地承包经营权信息管理方面的应用

土地承包经营权确认了农民对承包土地的占有、使用、收益权利，关系农民的切身利益。由于历史原因和条件限制，很多地区不同程度地存在农村土地承包管理乱、土地纠纷解决难等情况。为改变这一状况，国家积极开展农村土地承包经营权调查工作。从各地调查情况看，土地承包经营权的应用规模主要以本地区为主，管理方法以手工为主，信息化程度不高。信息化必将成为规范土地承包经营权管理、推广土地经营权应用的有效手段。利用计算机、遥感、地理信息系统、全球定位系统等技术，建立一个规范、高效、应用范围广的土地承包经营权管理平台将会极大地提高土地权属调查效率，提高农村土地流转的管理水平。

3.7.6 农产品质量安全管理

目前，食品安全问题备受关注，绿色食品、有机食品虽然价格不菲，却成为很多人购买的首选。但市场上出现了一些假冒的绿色、有机农产品，普通消费者很难辨别真伪，因此有必要开发“三品［无公害农产品、绿色食品、有机食品（农产品）］”认证查询系统，供消费者查询。当消费者普遍接受这种方式后，会发生大量用户同时并发访问系统的情况，应对这种大规模的并发访问，正是大数据的强项。

3.7.7　农资服务

利用大数据技术，利用生产数据、销量数据等资源，结合季节、民族、地区差异等因素，设计专业的数据分析模型，预测各地区、各类农产品的供求平衡关系，提前发出预警信息，提示来年哪类农产品需求可能大于已知的种植面积，建议适量增加该类农产品的种植。引导种子等农产品生产资料提前进行流转，为农民播种做好农资服务。一方面通过提前播种，在供求平衡被打破前，使农产品产量满足市场需求，达到平抑物价的作用；另一方面通过预测，提示生产资料供应按需生产，充分调配，避免农产品生产资料产能过剩或短缺。

3.7.8　农技服务

目前，种植、农机、畜牧、水产养殖等农业生产技术发展较快，传统的农技服务推广方式是依赖基层农技人员进行指导，但是存在基层推广人员的技术水平参差不齐、指导针对性不足等问题，现阶段已无法满足广大农户日益增长的农业技术指导需求。利用大数据技术，采集农产品种养殖数据、病虫害数据、防疫物资销售数据等，与历史数据相结合，通过模型分析，将已有的专家解答、相关的农业技术、附近的农技人员与提问农户信息进行匹配，使得农技服务更有针对性。大数据技术的运用可以较好地解决海量信息匹配的难题，为农技推广服务。

3.7.9　农业信息服务

广大农民对于农业信息的需求潜力巨大，但由于多种原因，农民获得有用农业信息较少。利用大数据技术，通过对农户基本信息、所在地域、种养殖领域、种养殖规模等基础信息的采集，通过模型分析，将采集信息与相关的农业政策法规、农产品历史数据、市场信息等进行匹配，为农民提供丰富的信息资源，使其方便快捷地获取与农业生产、加工、经营相关的信息服务。此举既增强了农业管理部门对农民提供信息服务的力度，又让农民获取信息后能更好地从事农业生产，同时为继续增产增收创造了条件。

3.7.10　大数据在农业应急管理方面的应用

极端天气和各种重大自然灾害对农业生产和农民生命财产安全造成重大影响，农业应急管理工作已呈常态化，加强农业应急管理工作已成为农业部门一项紧急而重要的职责。农业应急管理工作的信息化需求较为迫切，对信息资源、数据资源的依赖度较高，开展大数据技术研究对做好预测预警、应急处置、灾害评估等具有重要意义。以动物疫情领域为例，围绕重大动物疫情应急指挥核心业务，要梳理各管理部门的信息资源，确定元数据内容，建立应急信息资源目录，实现数据交换和共享，对数据进行清洗和融合后进行数据挖掘和活化。信息化工作具体可分为：数据采集、应急资源目录建设、数据交换与共享、数据融合、大数据分析与挖掘、数据活化等。

第4章

公共支撑子系统技术与实现

4.1 网关

物联网网关设备使用多种的接入方式，统一了从互联网到接入网络的关键设备。物联网网关设备的广泛接入能力、协议转换能力和可管理能力可以实现部分短距离通信的接入要求，并实现和公共网络的连接和对信号的控制、转发、编解码等。网关的终端管理和安全认证功能保证业务的安全和质量。

(1) 层次结构

所有的感知延伸设备都存在着很多数据类型和通信协议，因此多种感知延伸设备的通信格式要进行转换，统一上传数据格式，还要对传达感知延伸网络控制、采集的命令进行映射，来形成信息以满足具体的设备通信协议。网关的层次结构分为业务服务层、标准消息构成层、协议适配层和感知延伸层。

1) 业务服务层　业务服务层由消息发送模块向管理系统及时、安全地传送网络所采集到的信息。接收消息的模块接收来自系统的标准信息，传递给标准消息构成层。

2) 标准消息构成层　标准消息构成层是物联网网关的核心，原因有两个，一是两种信息实现相互转换，并且管理和控制底层感知延伸网络，屏蔽底层网络通信协议异构性；二是标准消息解析依赖特定感知延伸网络的消息。

3) 协议适配层　协议适配层的主要作用是统一在各不同的感知延伸层协议下的控制信令和数据。

4) 感知延伸层　感知延伸层的消息发送模块向底层设备发送经过转换后的可被特定感知延伸设备理解的消息；感知延伸层的消息接收模块对底层设备传来的信息进行解析。

(2) 系统设计

物联网网关是感知网络和传统通信网络的连接纽带。物联网网关系统本着通用低成本的原则，采用模块化的设计思想。

1) 数据汇聚模块　利用传感器网络的 RFID 网络和汇聚节点的阅读器，对现实世界的数据进行采集和汇聚。

2) 处理/存储模块　实现各个方面数据的处理与存储。

3) 接入模块　采用有线（ADSL、以太、FTTx 等）和无线（4G、WLAN、GPRS、卫星等）方式，连接网关与广域网。

4) 供电管理模块　采用市电、太阳能、蓄电池等方式，为整套系统提供电源，有热插拔和电压转换功能。

网关系统设计需要满足以下几个要求：

1）统一软件交互协议　采用模块化的设计思想，利用模块之间的替换，实现传统互联网和不同感知延伸网络的连接，底层通信的差异被摒除。可以用 UART 总线来实现硬件模块之间的连接，使用模块化可加载的方式使软件运行。可添加统一的协议适配层，提取应用数据，按照 TLV 方式进行组织，然后封装成包。

2）统一地址转换　由于采集网络的编址方式不同，需将这些地址转换为统一的形式，地址映射在网关中实现。

3）统一采集模块数据接口　在与网关的接口之间只关注采集模块的控制指令和数据交互指令，采集模块与网关之间定义 AT 指令集，节点通过 ZigBee 协议组网。

4）管理数据映射关系　多种管理网关连接的系统设备在通信数据中的映射关系，也就是寻址，是非常重要的一部分。所有可能出现的输入和输出数据的格式都需要网关分析。

4.2 通信

1）蓝牙技术　蓝牙技术是一种短距离、低功耗的无线通信方式，标准为 IEEE802.15，工作频带为 2.4GHz，传输范围为 10～100m，传输速度可达 1MB/s。蓝牙技术在精准农业中得到了广泛的应用，使得农业更精细化、网络化、数字化。蓝牙技术在农业中的应用原理如图 4.1 所示。

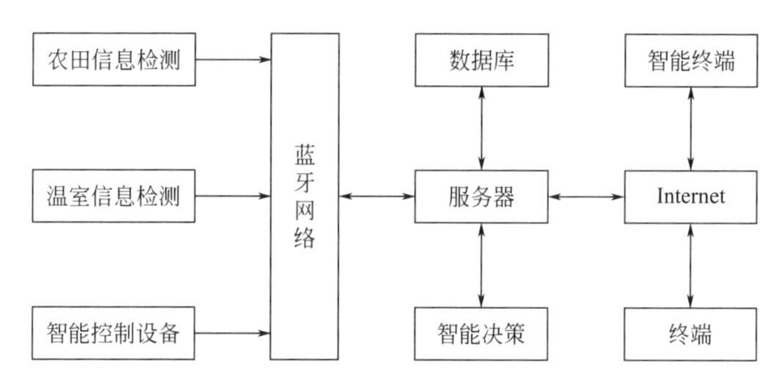

图 4.1　蓝牙技术在农业中的应用原理

2）ZigBee 技术　ZigBee 是一种低速率、低功耗、低成本、容易实现的无线连接技术，主要适合于自动控制和远程控制领域。它可以嵌入于各种设备之中，实现地理定位的功能。

3）RFID 技术　RFID 俗称电子标签。它通过射频信号对目标进行自动识别并获取相关数据。当 RFID 标签进入磁场之后，接收解读器发射的射频信号，并通过感受能量差异从而获得产品对应的信息。

4.3 安全

安全技术体系是整个信息安全体系框架的基础，以统一的信息安全基础设施为支撑，以统一的安全系统应用为辅助，在统一的综合安全管理下进行技术保障。

（1）安全基础设施

安全基础设施以物理和通信、网络、主机系统、应用等多个安全防护方面为指导层次，综合利用各种成熟的信息安全技术与产品，实现不同层次的身份鉴别、访问控制、数据完整性、数据保密性和抗抵赖等安全功能。

（2）安全综合管理

1）安全运行组织　安全运行组织包括相关部门负责人、信息中心、业务应用相关部门。信息中心是系统运行管理体系的实体化组织。业务应用相关部门是系统支撑平台的直接使用者。

2）安全管理制度　为了保证网络的安全性，仅仅在网络上增加安全服务功能是不够的，还需要提升系统的安全保密机制，另外更必须要建立网络安全管理制度：多人负责、任期有限、职责分离。

3）应急响应机制　由技术人员和管理人员共同组成的内部组织，提出应急响应的计划和流程，提供技术支持和保障；查找出存在的安全漏洞或隐患信息；进行事件统计分析；组织人员进行安全事件处理相关培训。

4）安全防范意识　要经常组织工作人员进行网络安全防范意识相关培训，全面提高工作人员整体网络安全防范意识。

（3）运行与保障体系

运行与保障体系有两大内容，一是安全技术；二是安全管理。其中包含系统可靠性设计、系统数据的备份计划、安全事件的应急响应计划、安全审计、灾难恢复措施等内容，为网络系统和信息系统的正常运行提供重要的保障。

1）增强系统的可靠性设计　在增强硬件系统的可靠性设计上，除了要求用户使用稳定的设备外，还主要采用下面的这些技术提高系统安全可靠性。

① UPS　建议选择的 UPS 可以提供 6 小时左右断电保护。

② 双服务器　尽量使用两个或两个以上的服务器工作。

③ 双电源　在主机中使用两个电源，一个平时工作，一个睡眠，当工作的电源出现故障时，处于睡眠态的电源就启动工作。

④ 冗余磁盘阵列　增加存储量，并通过冗余技术提高可靠性。

⑤ HA 高可用集群　业务系统采用集群方式部署，提高业务系统可靠运行时间。

2）数据备份计划　数据备份介质需要防止火灾、水灾、地震及战争等不可避免的外来因素带来的数据损失，数据备份的硬拷贝介质需要进行周期性的复制和异地存放，这样可以最大限度地保障数据安全。数据备份通常采用的有完全备份、增量备份、差量备份、完全备份和增量备份组合等几种机制。

3）数据安全　为保证数据的保密、完整，所需要的数据安全措施包括：

① 数据交换接口　对数据进行加密，可以用 HTTPS 协议或专用的协议进行数据传输，也可以自定义编码的方式和传输的逻辑，进而确保数据交互接口的安全。

② 数据完整性保证　数据的交换与共享通过分布式事务与长事务结合的方式确保数据的完整性。

③ 数据传输安全　为了确保客户端与服务器端之间共享传输数据的安全性和私密性，可以采用 SSL/TLS、VPN 等方式来传输数据。

④ 数据存储的保护　通过数字签名的方法，对软件产品进行签署（目的是为了防止恶意软件的使用），或者对文件系统进行加密。

4）网络安全　为了避免无权限用户非法进入网络平台并攻击和破坏网络传输平台，保证授权的用户更好地享受网络的服务，确保在农业信息网络系统中传输各种信息的安全以及保密性，必须把好网络的信息出入口。实现内部子网的隔离——利用 VLAN 技术；控制访问——采用防火墙保护局域网出口和入口；确保重要业务的传输——利用 QOS 技术。

4.4 云平台

4.4.1 建设原则

(1) 高可用

整个网络的设计均采用双备份的方式设计配置，其目的是：确保数据业务网核心业务的不中断、正常运行；提供关键设备的故障切换，在网络连接中消除单点故障。核心关键设备间采用双路冗余连接的物理链路，工作的方式是按照 active-active 或负载均衡。为加强关键主机的可靠性通常采用双路网卡。另外，整个网络设计具有可靠的扩展性，可以为网络后续的建设和改造提供扩展空间。

(2) 二级网络的增强

云平台的虚拟机迁移、集群式的应用模型都离不开二级网络。随着云计算资源池逐步扩大，二级网络的范围也在不断扩大。传统的 STP+VRRP 方法会导致二级网络部署网络链路利用率降低、收敛时间变慢、相对来说比较复杂。所以在设计网络系统时，必须要对二级网络进行增强。

(3) 虚拟化

未来的发展趋势是网络资源的虚拟化，虚拟平台可以提高资源的利用率，降低成本。实现虚拟化需建设服务器、存储的虚拟资源池。

(4) 高性能

在云服务网络中的流量模型发生变化，业务分布在各个服务器上，随着整个云平台相关业务的开展，流量模式渐渐从纵向流量模式转变为复杂的多维度混合模式，从而使整个系统拥有较强的吞吐能力和处理能力，并具备应对突发流量的承受能力，满足 PB 级别的处理数据请求。

(5) 开放接口

为了保证能良好地调度与管理云平台的服务器、储存、网络等资源，要求系统提供开放的 API 接口，云计算运行管理着 API 接口和命令行脚本，是对设备的配置与策略下发的平台。

(6) 绿色节能

网络机房整体能耗中，IT 设备运行占 30%，空调等制冷系统占 45%，照明、UPS 等辅助系统占 25%。在设计节能 IT 设备时，不仅要考虑低耗能，还要考虑热量对散热系统的影响。通常采用低耗能绿色网络设备减少系统功耗。

4.4.2 云服务

云平台提供的服务有三种模式：SaaS、PaaS、IaaS。

（1）SaaS（Software-as-a-Service，服务即软件）

Saas是应用最广泛的一种云计算。用户通过浏览器来使用软件，应用软件统一部署在服务器上，是一种软件分布模式。这种模式通常也被称为“随需应变（on demand）”软件。Saas具有强大的可扩展性、可靠的支持性、极高的灵活性，打破了传统软件的本地安装模式，客户的维护投入和成本被大大降低。

（2）PaaS（Platform-as-a-Service，服务即平台）

PaaS是一种分布式的平台，厂商为客户提供基础架构（开发环境、服务器平台、硬件资源等），用户可以扩展已有的应用或者开发定制新的应用，并通过其服务器和互联网传递给其他用户，用户不必购买开发、质量控制或生产服务器。

（3）IaaS（Infrastructure-as-a-Service，服务即基础架构）

IaaS所提供互联网的软件资源、基础架构硬件和数据中心。“云端”基础设施是企业用多台服务器组成的，提供给客户计量服务。把计算能力、I\O设备、内存等整合成一个虚拟的资源池，其他的计价和使用模式通常以“弹性云”的模式引入到IaaS中，很大程度上降低了客户在硬件上的开销。

4.4.3 架构

云服务总体拓扑结构见图4.2。云服务分层架构见图4.3。

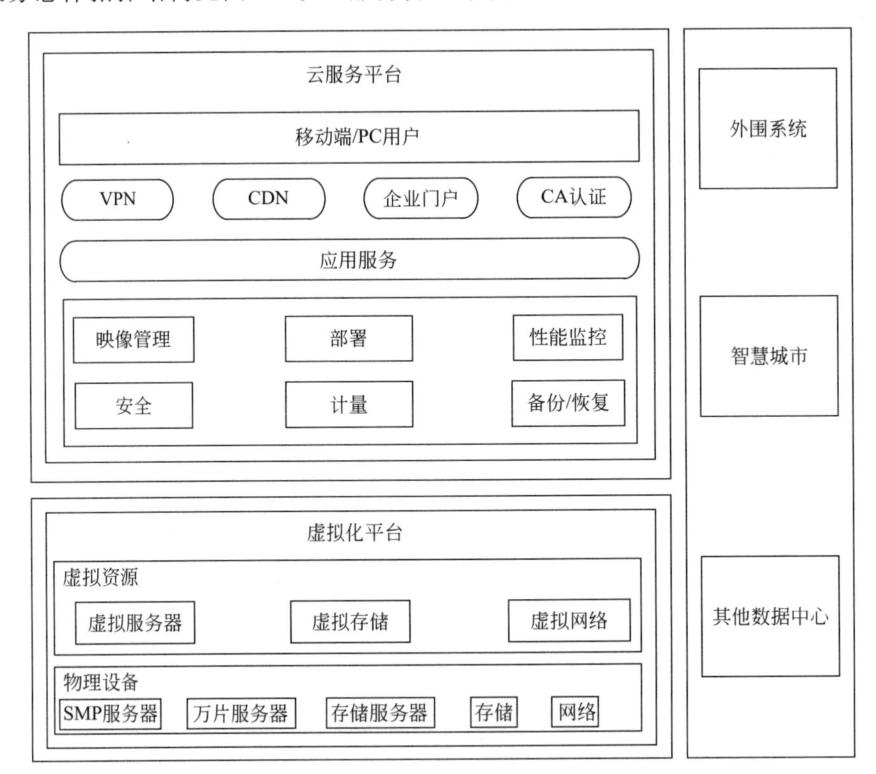

图4.2　云服务总体拓扑结构

1）服务即基础架构　有资源调度与管理自动化层、虚拟化或者是资源池化层、硬件基础实施层。

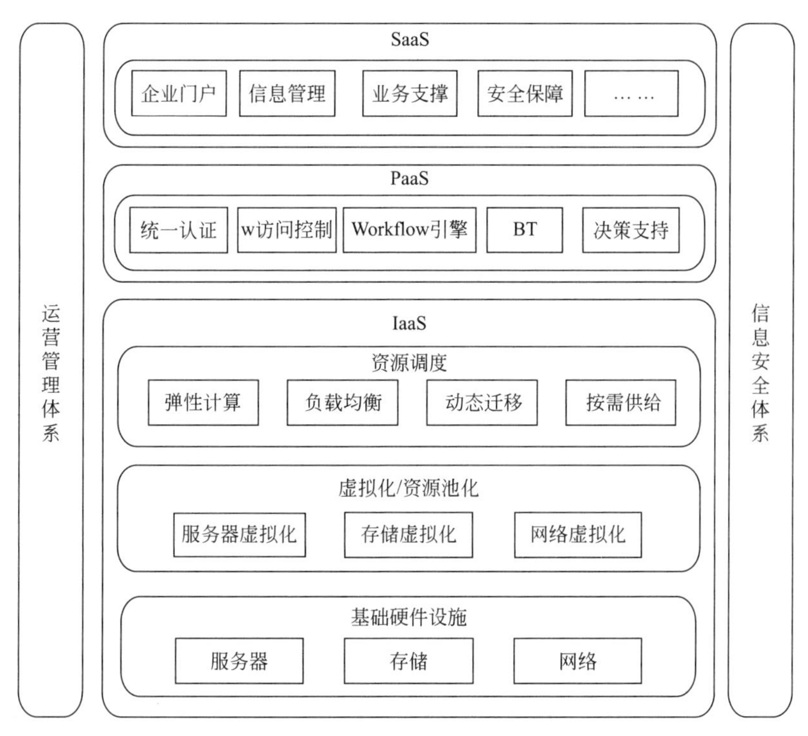

图 4.3　云服务分层架构

2）服务即平台　由统一的平台提供系统软件支撑服务：决策支持、通用报表、访问控制服务、身份认证服务、工作量引擎服务等。需满足云架构的部署方式，但不同于传统的平台服务，根据需要随时定制功能及相应的扩展，通过负载均衡等技术、集群和虚拟化提供云状态服务。

3）服务即软件　分为专业服务和基础服务两种。专业服务适应于各种专业。提供基础服务的是统一门户、公共认证、统一通信等；实现在云计算架构下的扩展与管理需要通过对应用部署模式底层做出相对应的改变。

4）信息安全管理体系　针对云计算中平台，建设集中的安全服务中心、虚拟化的安全防护体系、高性能高可靠性的网络安全一体化防护体系，应对用户端的关联耦合；采用非技术手段作为补充，利用云安全模式加强云端、无边界的安全防护等保障云计算平台的安全。

5）运营管理体系　为保障云计算平台的正常运行，采用配置管理、性能管理、故障管理、计费管理和安全管理等。

4.4.4　云资源管理

整个复杂的计算机架构通过一个强大的管理平台来实现硬件资源的整合和虚拟化，该管理平台也对计算机资源进行启动、停止、删除、回收等，对整个计算机平台运行性能进行实时监控和日志报告等；实现用户交换接口，用户可以方便地登录到计算机平台，申请各种硬件资源和中间件资源启动、停止等用户所需的服务器功能。这样将打破业务应用对资源的独占方式，实现统一管理、分配、部署、监控和备份硬件资源及软件资源。

云资源管理功能结构见图 4.4。实现云资源管理系统架构所需要的功能如下。

1）管理设备　需要实现设备接入与管理功能，其中包含设备报警上告、部署配置、发

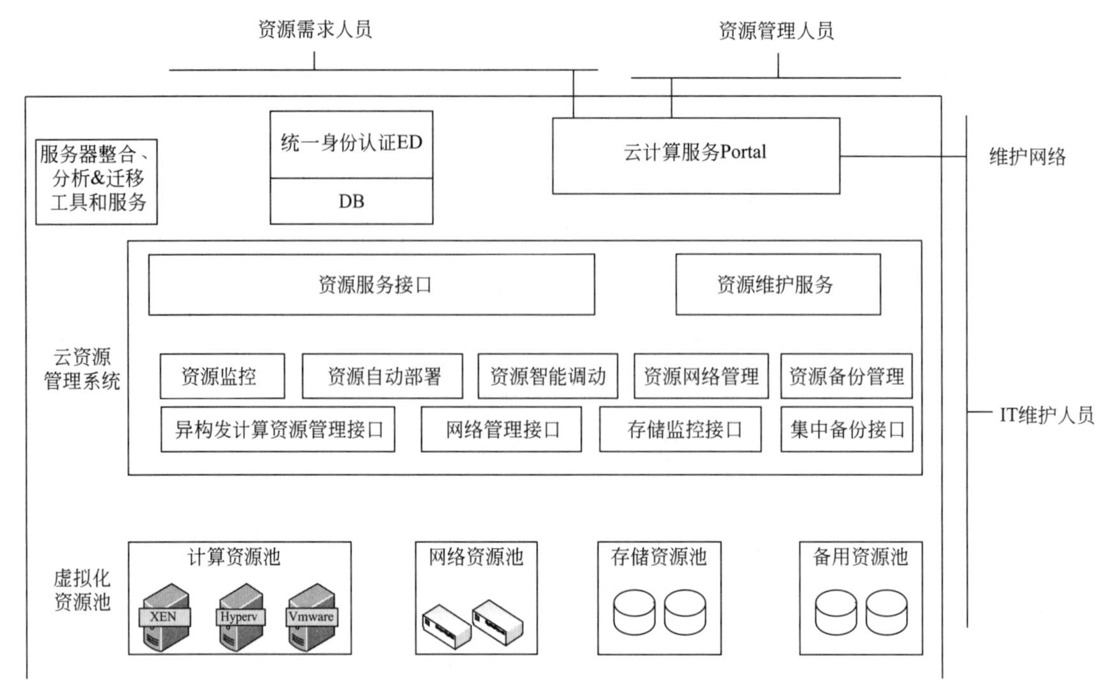

图 4.4　云资源管理功能结构

现展示等。

2）虚拟适配层　为系统提供虚拟层不一样的集成能力和适配。对上层屏蔽不同虚拟层差异，为 Hyper-V、Xen、VMware、KVM 等提供统一的虚拟化管理接口。

3）云适配层　为了实现私有云和公有云的资源统一管理，需要为系统提供适应不同云资源的能力。

4）管理虚拟化资源池　统一管理实现资源、存储和网络的虚拟化和计算。

5）资源池调度　需要为系统提供备份恢复、资源池高可用性、动态耗能管理、动态资源分配和策略管理调度等功能。

6）资源池服务　对外提供负载的均衡、动态的伸缩等。

7）对外接口　为了解决方案集成或供上层业务使用，需要对外提供标准和接口。

8）管理平台　具有统一管理维护的功能，如报警、性能监控、日志管理和用户管理等。

4.5　统一 CA

4.5.1　CA 认证体系设计和网络架构

采用模块化结构设计的 CA 系统由认证中心（CA）、CA 管理员、RA 管理员、最终用户、注册中心（RA）等构成。其中认证中心（CA）和注册中心（RA）所包含相应的模块如图 4.5 所示。

CA 系统能提供 CA 管理、密钥管理、证书签发、证书生命周期管理、目录查询服务、证书吊销列表（CRL）查询服务和日志审计等功能。

根据用户量的不同 CA 系统分为以下几类：企业型 iTrusCA、标准型 iTrusCA、大型

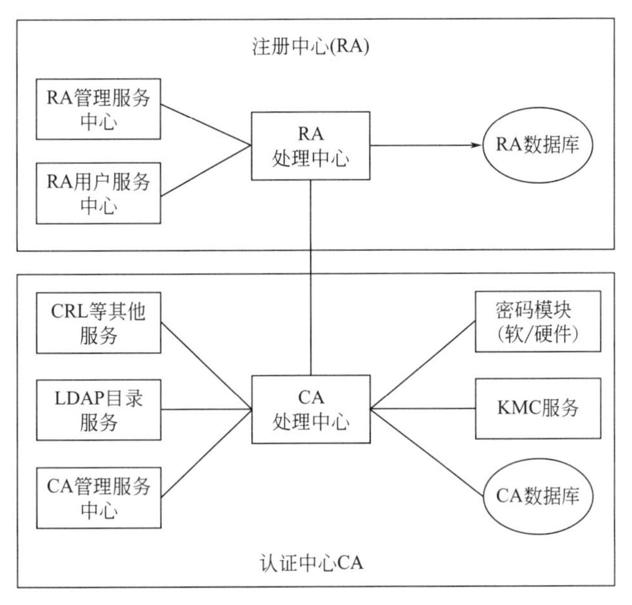

图 4.5　CA 系统模块架构

iTrusCA 和小型 iTrusCA。不同类型系统中网络建设架构是不一样的。

认证体系的逻辑层次结构为树状结构。根 CA 是最初的自签名，签发二级子 CA，又由二级子 CA 签发它的下级 CA，并依次循环，用户的证书是最后的某一级子 CA 签发的。在理论上，认证体系是能无限延伸的；但在系统管理与技术实现上，认证层次越多，技术上越难实现，管理难度越大，认证速度越慢，认证体系层次过多可能导致浏览器等不支持。大型认证体系的层次一般不会超过 4 层。

用户 CA 认证体系示例如图 4.6 所示，采用 3 层的认证体系结构。

第一层为处于离线状态的自签名用户根 CA，有用户的权威性和品牌特性。

第二层为处于在线状态的，由用户根 CA 签发的用户子 CA，它是签发系统用户证书的子 CA。

第三层为用户证书，所有用户的 CA 认证体系结构都可以从用户证书的证书信任链中表示出来，是由用户子 CA 签发，用户证书在用户的应用范围内受到信任。

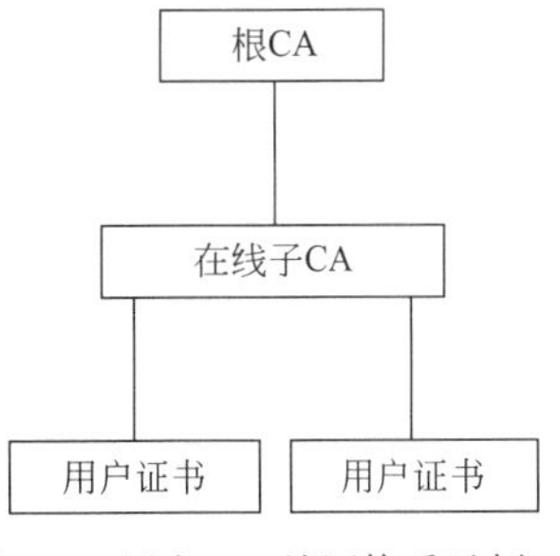

图 4.6　用户 CA 认证体系示例

CA 系统中有 RA 中心与 CA 中心。所有的模块既可以安装在统一服务器，也可以将模块安装在多个服务器。

图 4.7 所示为 CA 系统网络架构。CA 服务器需位于安全区域，与外界隔离并设置防火墙。最终用户使用浏览器访问 CA 服务器，并完成证书管理与申请。管理员可以进行 CA 服务器管理和证书管理。

4.5.2　CA 系统功能

（1）证书签发

用户在提交数字证书申请之前，需要访问 CA 认证系统；RA 管理员需访问管理员站

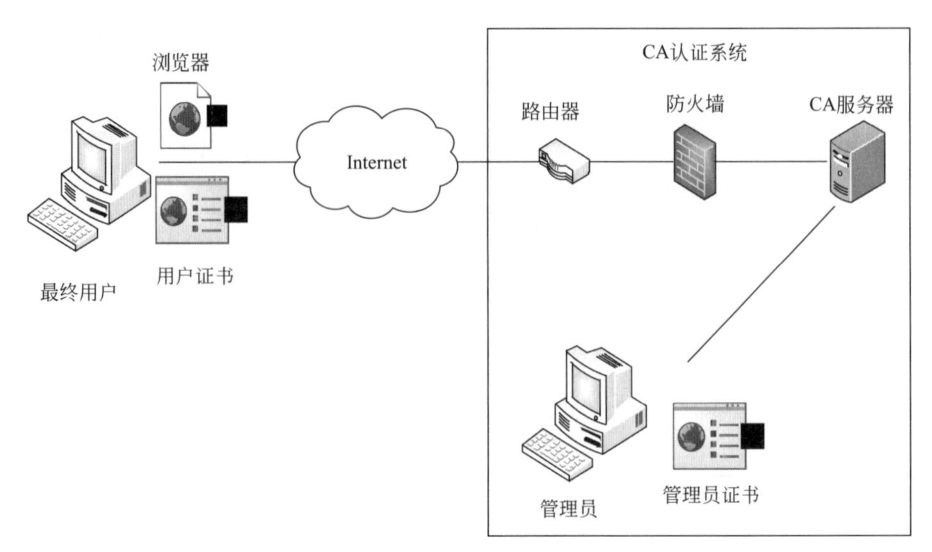

图 4.7　CA 系统网络架构

点，批准并审查用户的证书申请；签发的用户证书也需要 CA 认证中心来确认 RA 管理员的批准；还需将数字证书发布于目录服务器中；用户 CA 认证系统将获得签发的证书。

(2) 证书生命周期管理

证书的申请、批准、查询、下载、更新、吊销等证书生命周期管理是通过 CA 认证系统来实现的。

(3) CRL 服务功能

CA 认证系统支持证书黑名单列表（CRL）功能，为 CRL 发布时间、CRL 下载地点指定 RA 的配置。CA 认证系统定时产生 CRL 列表，并将产生的 CRL 发布于 Web 层和 CRL 服务模块，也可以通过手动下载 CRL。

(4) 目录服务功能

CA 认证系统可以支持目录服务，提供用户查询证书的功能。CA 认证系统所签发用户的用户证书可以通过单位名称、用户名称、部门名称和电子邮件等字样查找。CA 认证系统也支持 LDAP V3 规范，在吊销证书或签发证书时，目录内容会及时更新。

(5) CA 管理功能

1）管理员管理　RA 管理员管理：删除、增加管理员和初始化 RA 管理员申请；CA 管理员管理：吊销 CA 管理员证书、后续 CA 管理员证书申请、初始化 CA 管理员申请。

2）账号管理　个人账号管理指的是证书信息和注册信息等管理；RA 账号管理是指额外管理员证书申请，RA 账号吊销、批准、申请等。

3）策略管理　证书策略配置管理：可扩展的配置 CA 和所签发证书的类型、扩展、有效期、主题版本、密钥长度等；RA 策略配置管理：证书类型、否发布到 LDAP、语言、联系方法等；CA 策略配置管理：CA 别名设置、证书 DN 重用性检查等。

(6) 日志与审计功能

1）统计并查看各种日志；

2）统计所有 RA、CA 账号证书的颁发情况；

3）记录所有的 RA 与 CA 操作日志；

4）审计各操作人员的行为。

（7）CA 密钥管理

CA 密钥备份与归档；CA 证书（包含根 CA 与子 CA）的产生和管理；CA 密钥储存（软件和硬件）与产生。

4.6　业务支撑软件

4.6.1　物联网采集监测

物联网采集监测是对所有的物联网监测设备、设备监测信息、视频监控信息进行统一管理，通过数据转发接口为各业务系统提供数据支持服务。以农田水利工程物联网系统为例，应包括以下功能。

1）设备管理　能够对全区域农田水利工程的物联网监测设备进行统一管理，包括设备注册、设备管理、设备采集项目等，能够查看设备名称、设备型号、设备厂家、设备传输方式、设备配置参数等信息。

2）设备监测信息　对全区域的设备监测数据进行统一管理，能够对地下水位、用水量、墒情、气象数据进行横向比较，能够对全区域的运行数据进行全局规划。

3）报警数据　通过设定的设备监测数据阈值，对实时监测的数据及运行状态进行实时报警，通过手机及时告知管理者；对不同的设备进行故障统计，通过故障率确定设备的质量等。

4）统计数据　通过监测数据，能够对全区域的地下水位状况进行分析和统计；对全区域的用水量进行统计，指导全区域用水总量的控制；通过墒情及气象数据的统计，查看不同地区的天气及土壤干旱状况。

5）数据转发　根据各业务系统的数据使用要求，按照不同的数据接口进行数据转发，方便各业务系统进行数据挖掘及数据应用。

4.6.2　数据服务

建设大数据平台的主要目标是强化农业环境监测分析，建立规范化共建共享管理体系，推进农业数据共享和业务协同，为决策提供及时、准确、可靠的信息依据；制定信息资源管理规范，拓宽数据获取渠道，整合农业信息系统数据、农产品数据和互联网抓取数据，构建汇聚式一体化数据库。理顺系统数据资源之间的关联性，编写数据资源的目录，建立信息资源的交换管理标准体系，以项目的可行性为基础，实现数据信息的共享，推进信息公开，最终建立跨部门、跨领域的农业形势分析制度。在大数据的分析监测下，支撑主管部门把握农业的整体发展趋势、预见农业发展可能存在的问题、进行农业决策等。

（1）数据采集平台建设

统一信息资源的标准规范，建立多维度的数据库，扩展数据的来源，将数据通过多种方式汇集，进而增强数据分析的力度，提高对农业和环境监测预警的准确性与时效性。

预留接口用来支持其他系统中各种数据上传导入的处理。将农业运行项目系统中现有的历史和时效数据，上传至服务器、分析并提取有效的数据，导入服务器中采集起来，在平台上使用。

元数据管理采集，先获取数据源的数据，然后转换数据。服务器端与客户端是将数据源的数据写入元数据体系这一过程的两大载体，这两大载体组成了元数据管理采集的系统整体。服务器端的作用是入库落地、转换数据、采集数据等操作，而客户端的作用是包括采集任务、数据源、适配器等的配置。元数据采集管理是指采集入库审核、手动采集、数据源管理、采集日志查看、适配器管理、任务配置。

(2) 数据管理平台建设

数据管理平台对各个环节的知识信息进行统一集中管理，维护各部分的内容、提供直观图形界面以及建立各部分之间联系。图 4.8 为数据管理平台总体框架。

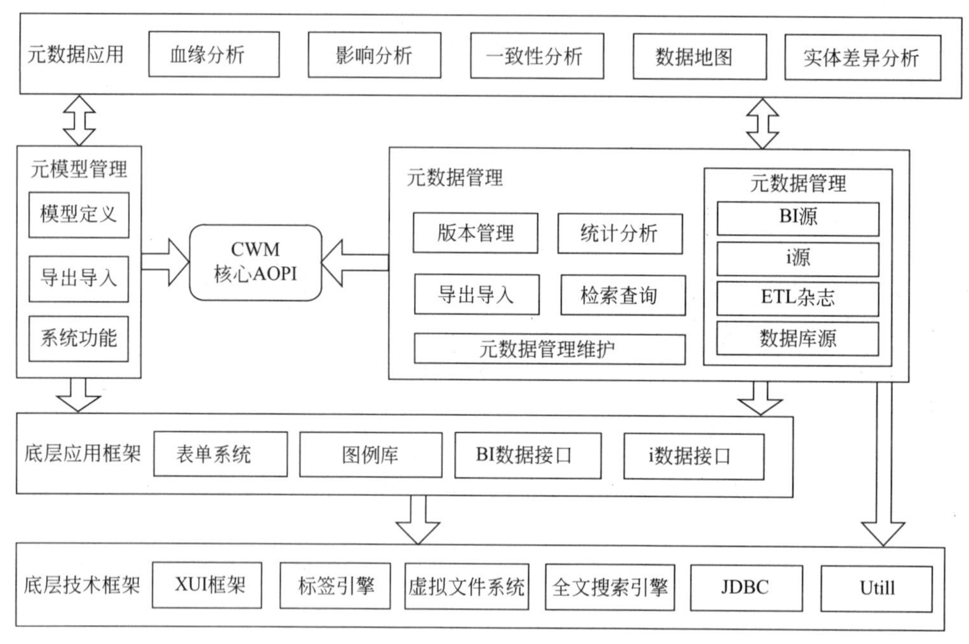

图 4.8 数据管理平台总体框架

云数据管理可以帮助用户加工、处理数据信息，分析数据之间的关系，帮助用户更好地理解和使用这些数据信息。支持和采集多种元数据来源，如数据集成、关系数据库、BI 工具、客户化元数据以及建模等。采集的元数据上传到知识库中，为上层元数据提供应用服务。

1) 数据分类　根据业务部门的业务需求，结合实际维护的需要，客观地分析平台中的业务数据，并对业务数据进行分类。如图 4.9 所示。

数据准备区：抽取每个相关系统的数据和外部交换数据，形成主数据以及数据准备区。

统一数据视图：将不同来源的数据和不同业务类的数据，按相应的规则进行分类，形成数据仓库标准的、统一的数据视图。

数据仓库和数据集市：数据集市属于数据仓库的一个子集，汇总数据一般由明细数据聚合而成，明细数据还可以在汇总数据的基础上分析得到，它的主要目的是分析不同的业务主题应用。数据仓库的数据通过统一数据视图的加载、抽取、转换来获得。通常在未来至少要存储 3 年（一般 10 年）。数据粒度是从明细到高度汇总、中度汇总、轻度汇总。当数据粒度越大时，汇总程度会越高，可以在线保留数据的时间就越长，因此所体现出来的业务数据就会变得越宏观。

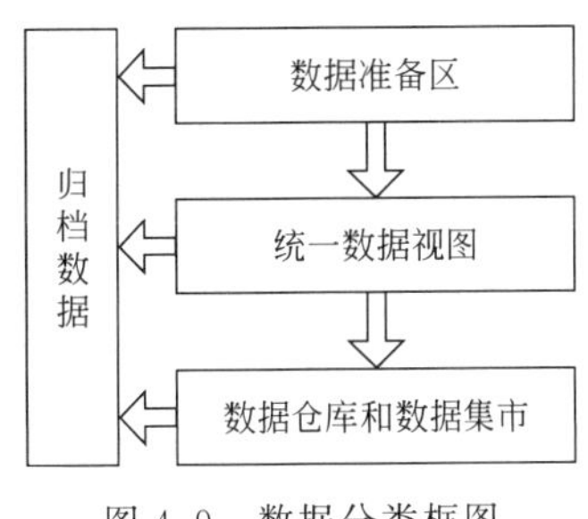

图 4.9　数据分类框图

归档数据：是指来自各个层面不用的或很少用的数据迁移，建议该层数据按照最高级别，并以符合国家电子档案标准的形式保存。

数据的分类策略，一般情况下是基于多个指标：上次访问的时间、大小、访问频率等。具体来说，在数据进行分类时需要重点考虑如下内容：

一是在数据创建初期就能够确定数据的级别，这样就大大减少了转移数据带来的时间浪费和资源浪费。

二是根据数据的静态特征和动态特征进行综合分类。①文件系统所体现的静态特征（文件大小）；②文件系统遵循的宏观规律访问（如文件的访问次数）；③根据文件之间的访问关联特征；④文件个性的访问模式。

2）数据分层存储　数据从创建到存储、加工、利用、归档，最后超过存储期限被删除，读取的频率渐渐地下降。分层存储可以降低存储成本，提高存储设备的使用率。对关键的业务数据采用价格高的存储方式、存储技术和存储设备。随着数据读取频率下降，其存储位置会变化。

存储设备有高性能的磁盘阵列或磁盘等，存储技术有多级备份、定时拷贝、复制、RAID 磁盘等。随着时间推移当数据已经不能带来经济效益时，可以将这类数据迁移到较便宜的存储介质上。最后，当数据一段时期不再访问或者过时，将其迁移或者删除。对于按规定要求保留多年的数据应将其迁移到离线磁带或者近线磁盘上进行归档。

（3）数据共享

数据交换服务的特点是：跨平台、跨地域、跨部门的不同数据之间，为不同应用系统的互通互联提供加密、提取、传输和转换；它的应用集成由数据和扩展性良好的“松耦合”结构构成，数据共享交换平台可以根据分布式部署的架构和集中式管理的方式来更加有效地解决各节点的上传下达，使其更高效和及时。

为保证数据的准确性和一致性，需要进行安全的信息交换，实现数据的一次采集、多系统共享；可视化配置的数据交换平台节点服务器适配器能快速实现不同数据库、不同应用系统、不同机构之间基于不同传输协议的信息共享和数据交换，可通过良好的数据环境提供各种决策的应用支持，根据特定的业务需求把各种复杂的数据集合在一起。

数据交换服务提供内容转换、格式转换、可视化管理监控、同构数据、同异步传输、动态部署、内容过滤、异构数据之间的数据抽取等功能。它支持常规文件（word、excel、pdf），地理空间数据（如卫星影像、矢量数据），各主流数据库（如 Oracle、SQL Server、MySQL）等各种格式数据，还可以定制开发特定业务服务去满足用户需求。

1）不同业务间的数据关联的实现。可通过主题的分类，将同一对象信息汇聚来实现不同业务的数据管理。

2）集成的信息共享应用。

3）跨部门的信息共享服务提供。实现对各级单位的信息共享而构建数据共享平台。

4）为社会公众提供信息查询服务。

（4）数据搜索

中国的农业信息资源建设主要分为3类：涉农机构和企业的信息网站、农业科研教育信息网站、政府部门主导的农业信息网站。

搜索引擎是最为普遍使用的信息检索软件工具，它可以在互联网上搜集信息，处理和整理一些原始文档，给用户提供查询服务。搜索引擎按其原理和工作方式分成3种，分别为目录搜索引擎、全文搜索引擎和元搜索引擎。

目录索引是网站链接列表，只是按目录分类的。该类搜索引擎一般需人工参与，所以信息质量高；它的缺点是，提供的信息量少，人工维护工作量大，不能够及时更新。

全文搜索引擎是主流的搜索引擎。它可以通过在不同网站中提取的信息在互联网上建立索引数据库。

元搜索引擎没有独立的网页数据库，在接受用户的查询请求后将请求提交给多个预先选定的独立搜索引擎，在独立搜索引擎中得到查询结果，再将结果处理后给用户。

目前，涉及牧、渔、林、水利、农业、农垦和其他农业领域的网站有2万多个。中国农业科学院研发了农业专业搜索引擎，实现农业信息的精确搜索，解决农业信息获得困难的问题。

第5章

应用子系统技术与实现

5.1 农业物联网终端应用开发平台

我国的农业物联网技术在智能灌溉、大棚设施、田间精准作业、病虫害防治、畜禽水产养殖、农产品安全和农业资源环境监测等方面取得了显著成效，实现了作物精细化管理、智能省水灌溉、精准施药施肥、土壤墒情探测、干旱时天气预警等单系统物联网控制；涵盖培育苗、种植、收获、储存和物流的全过程复合系统管理控制；智能管理、科学生产、精准定量控制以及高效的农业生产控制、统一装运、合理分配。

农业物联网的终端技术基于传感器的接口标准设计传感器中间件和标准化接口模块，处理传感器接入的信号调整、数据描述、协议转换等。

农业物联网终端技术通过对传感器标准化接口模块与中间件进行集成，来实现传感器互换、即插即用、远程配置多目标等功能，进而完成传感器数据采集与获取，并针对不同场景需求，通过应用开发平台提供的开发环境对其进行配置。面向农业信息监测物联网的终端产品架构如图 5.1 所示。

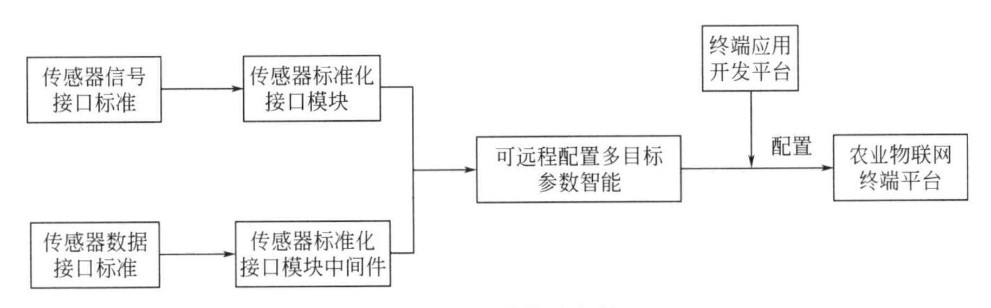

图 5.1　终端产品架构

智能终端应用开发平台的作用是为可远程配置多目标参数智能终端配置提供软硬件环境。该应用开发平台具有对智能终端的自动识别、配置等功能，终端应用开发平台结构如图 5.2 所示。

智能终端应用开发平台主要包括典型数据库系统、终端应用开发界面、标准组件库、终端应用开发集成环境以及必要的信息服务设备等。

终端应用开发界面主要完成终端应用开发过程中的用户交互，包括传感数据描述文件的输入输出、人工测试用例的选择、自动测试用例的产生、接口组件与中间件交互、配置命令及结果的发送与获取等，并给出接口标准的符合性程度等。

标准化组件库架构如图 5.3 所示，包括标准接口数据库访问组件、标准接口界面操纵组件、传感器系统开发组件、传感数据仿真模型组件以及与传感器模块相关的数据采集和处理组件等。

标准接口数据库访问组件用以存储满足接口标准的传感数据描述文件及其标准符合性检

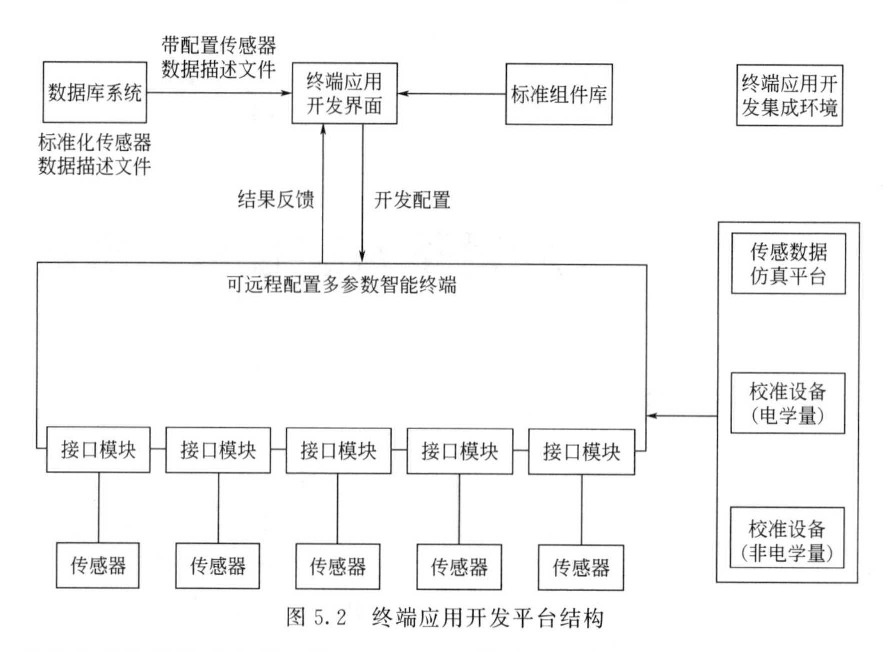

图 5.2 终端应用开发平台结构

查文件，管理传感数据描述文件、接口标准配置结果、平台用户权限以及设备状态。

标准接口界面操作组件具有标准配置的用户交互功能，包括传感数据描述文件的输入输出、人工配置用例的选择、自动配置用例的产生、与接口组件及中间件交互、完成配置命令及结果的发送和获取，并给出接口标准的符合性程度等。

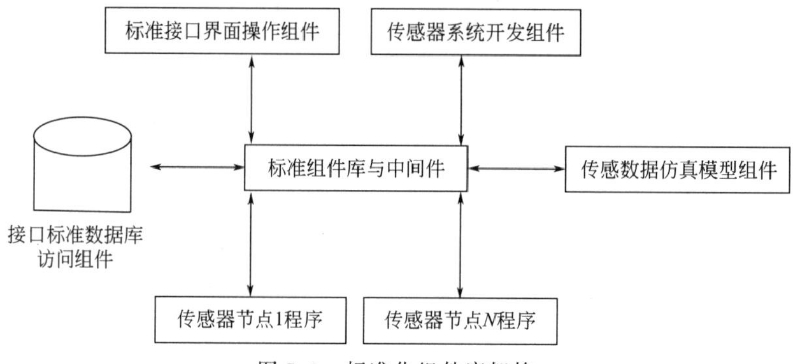

图 5.3 标准化组件库架构

标准化组件库的建立有助于智能终端的规范化配置，通过调用相应的组件库，能快速实现传感器接口模块在面向底层终端应用时的驱动配置、固件裁剪以及功耗控制等要求，同时使得传感器接口模块在面向网络应用时的接口配置、类库开发以及数据处理等方面符合应用要求。

基于可远程配置多目标参数智能终端，终端应用开发平台访问数据库系统，获得符合应用需求的标准化配置传感器数据描述文件，以实现标准化的传感数据描述，在此基础上，应用开发平台调用标准化组件库，以实现相应的功能目标。

5.2 农业物联网应用子系统示例

(1) 农产品安全质量追溯应用子系统

农产品的质量安全关乎千家万户，关系到公众身心健康和社会安定和谐。农产品质量安全问题涵盖了“从农场到餐桌”的全过程，包括农产品生产、加工、包装、运输、储存及销售等多个环节。责任的不可追溯性和流通过程中信息缺陷造成的信息失灵是引起农产品质量安全问题的主要原因，建立农产品安全质量追溯平台迫在眉睫。

农产品安全质量追溯平台可以实现农业智慧监管追溯、农产品交易溯源、可视化监管等功能，供农户了解产品的产量和销量、农业管理者对农业市场进行监管、消费者了解农产品信息，确保产品信息真实可靠、食品安全有保障。

农产品安全质量追溯平台以“平台上移、服务下延”为指导思想，“二区划分”、肥水一体、农业物联网等农业信息业务系统对接。同时借助市级共享交换平台，纵向上可以实现与省、市公共信息系统交换共享；横向上可以实现与各地区、县级监管流通追溯平台、公共信息系统的数据交换共享。农产品安全质量追溯平台结构如图 5.4 所示。

农产品安全质量追溯平台系统在设计上采用多层体系架构模式，采用的组件技术确保了

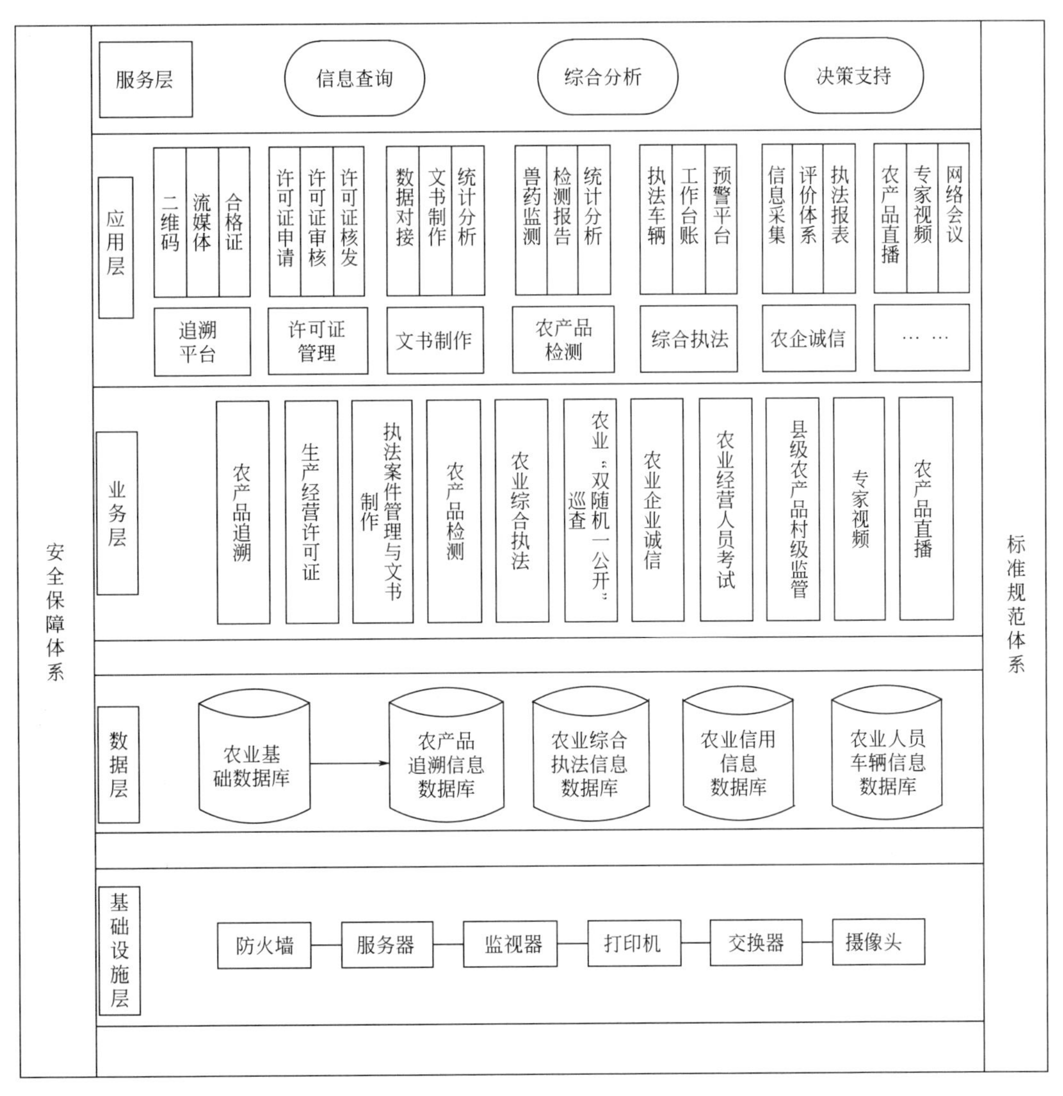

图 5.4　农产品安全质量追溯平台结构

注：“双随机一公开”即在监管过程中随机抽取检查对象，随机选派检查人员，抽查情况及查处结果及时向社会公开。

基础模块的可复用性以及平台的灵活性、开放性和可扩展性。同时基于COM和SOA架构及云计算服务理念，以通用性、稳定性为主导，进行分层设计和开发，横向以功能类别为导向，纵向以服务内容为导向，逐级设计，逐步细化各组件的颗粒度。

(2) 智慧果园应用子系统

智慧果园应用子系统综合运用互联网（含移动互联网）、物联网、大数据、云计算、智能应用、空间地理等现代信息技术，为智能节水灌溉和测土配方施肥精准作业提供技术支撑。

智慧果园应用子系统将水肥一体化管理设备连接到水利云平台，提供水肥一体化智慧灌溉服务，包括果树种植环境及生长态势实时监测服务、水肥一体化灌溉方案生成及推荐服务、水肥一体化灌溉效益评测服务、水利与农业部门决策支持服务等。

智慧果园应用子系统采用的水肥一体化管理设备可以实现灌溉施肥的精准化控制，做到节水、节肥、减排，保护生态环境；指导种植户按照科学合理的灌溉、施肥、用药模式进行作物种植，提高了农产品安全水平；优化灌溉和施肥模型，生成最合理的水肥一体化灌溉方案，节约种植成本和人工投入，提高劳动效率。智慧果园系统如图5.5所示。

智慧果园应用子系统网络架构主要由三部分组成：智慧灌溉终端网络、灌溉数据传输网络和灌溉云系统网络环境。智慧灌溉终端网络由各类智慧灌溉终端组成，通过灌区控制中心设备对各类监测终端进行组网或通过Lora无线自动组网技术实现监测设备之间的数据互联。灌溉数据传输网络有有线、无线两种方式，有线网络包括宽带网、水利骨干网、专线网等，无线网络包括GPRS、2G/3G/4G、CDMA、WLAN、Wi-Fi等。灌溉云系统网络环境包括服务器环境、存储环境、安全防护环境等。

(3) 智慧温室大棚应用子系统

智慧温室大棚系统是一种融合了大数据、云服务、物联网、传感器技术、计算机控制技术、网络技术等多种技术的综合系统，通过温室大棚的最优化和自动化控制提高农产品质量和产量以及大棚的生产效率。智慧大棚系统采用云服务模式，依托云服务中心的种子库、化肥库、农药库、种植专家经验数据库，充分利用物联网技术和信息化软件，远程实时获取温室大棚里的湿度、温度、土壤温度、光照强度、二氧化碳浓度等环境参数以及视频图像等，感知大棚的各项环境指标。该系统云平台模型分析形成最优控制参数及运行方案，自动控制湿帘风机、喷淋滴灌、内外遮阳、顶窗、侧窗、加温补光等设备，保证温室大棚内的温度、湿度、光照度、水分、养分等形成最适宜作物生长的环境条件，采用水肥一体化新技术提高肥料利用率。通过手机、计算机等信息终端向农户推送实时监测信息、预警信息、生产方案等，实现温室大棚智能化、网络化管理。智慧大棚系统如图5.6所示。

(4) 智慧大田应用子系统

大型农田的智能农业管理系统针对农业大田种植分布广、监测点多、电缆布线和电力供应困难等特点，利用物联网技术，采用高精度土壤温度、湿度传感器和智能气象站，远程在线采集土壤墒情、气象情况，实现墒情自动预报、智能决策灌溉用水量、远程/自动控制灌溉机器。

智慧大田系统如图5.7所示，分为物联网终端管理控制设备、网络与信息传输、智能灌溉云数据中心和智能灌溉云服务平台四个层次。在此系统软件的基础上增加云服务平台系统，监测、统计与管理土质、墒情、苗情、虫情是可以实现的。根据作物种植区、作物品种、生长期水分肥料需求进行浇水与施肥定额海量分析、灌溉与施肥制度生成、灌溉与施肥

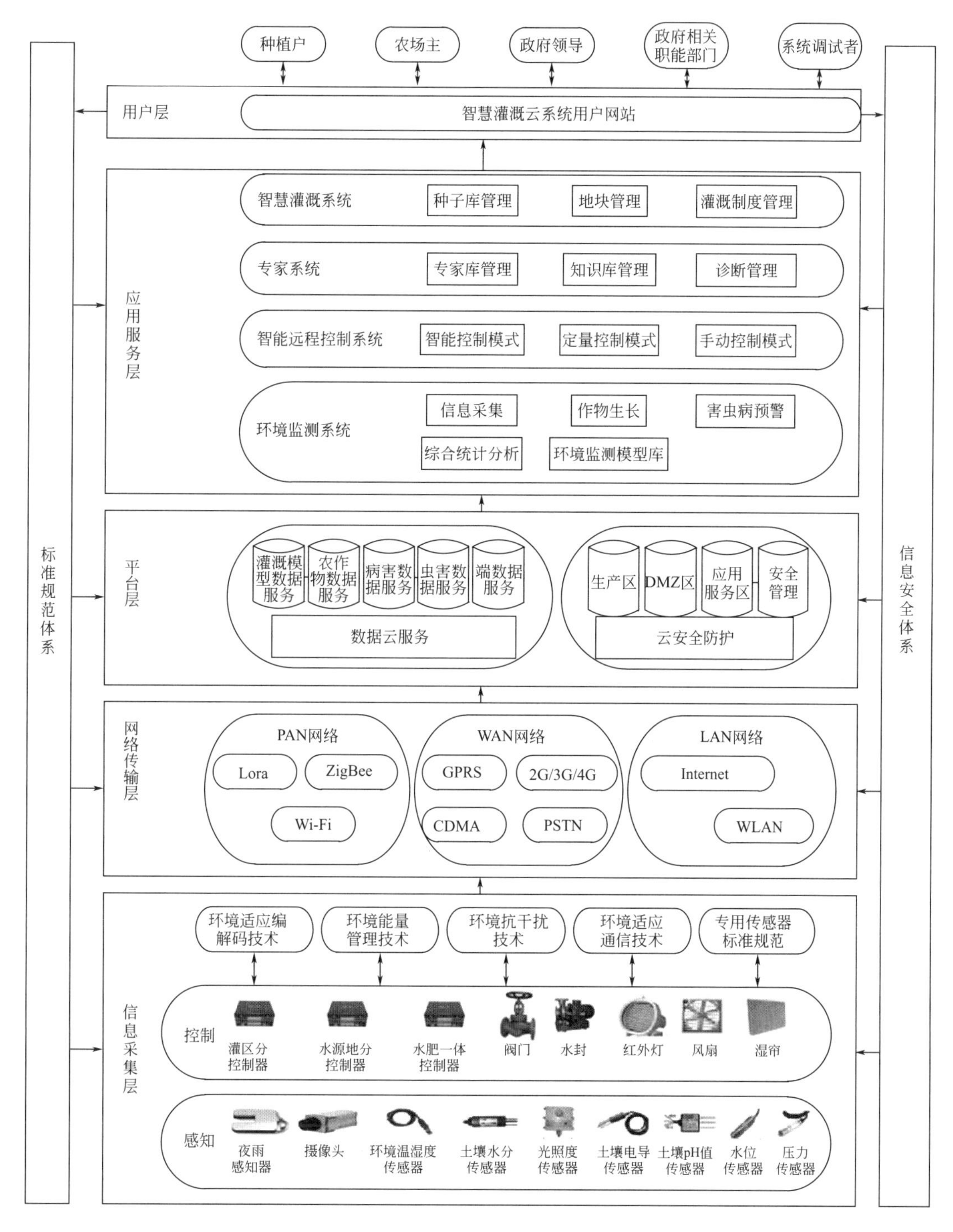

图 5.5　智慧果园系统

预报、智能灌溉等。

（5）智慧灌溉应用子系统

智慧灌溉应用子系统综合互联网、云计算、大数据、移动应用等现代信息技术，基于农业节水图斑和由区域水资源承载力确定的灌溉用水指标分配，将种子、化肥、种植专家的许

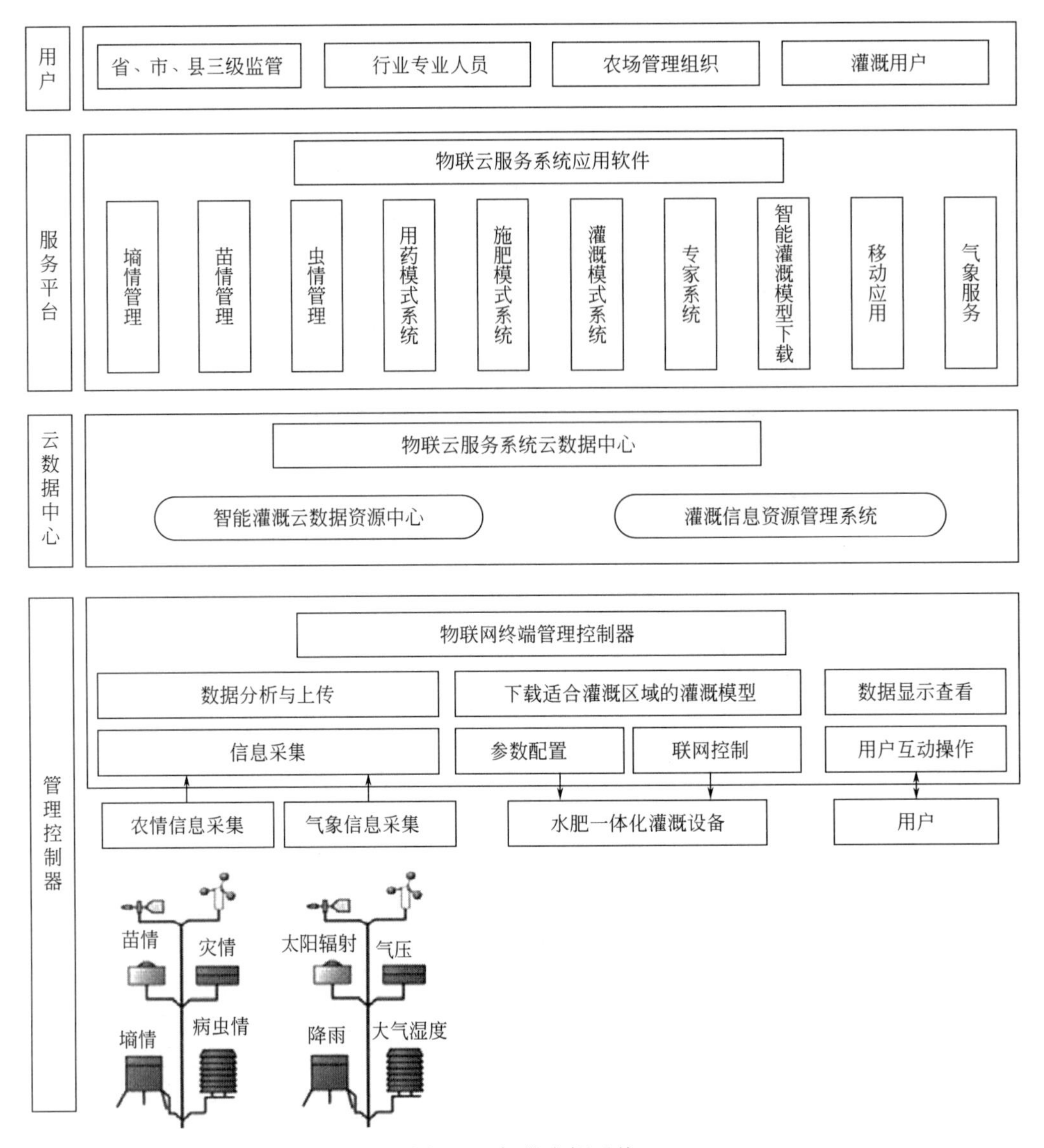

图 5.6 智慧大棚系统

多宝贵经验采用计算机语言形成数字化模型与方案，通过互联网将水肥方案自动下载到智能水肥一体化管理设备中，由水肥一体化设备自动进行定时定量灌溉和施肥。无水肥一体化设备的种植户，水肥方案可自动发送到种植户手机上，供其参考。种植者分享该模型和方案，实现智慧灌溉和施肥。通过种植结果的反馈，云平台的计算机学习系统持续对专家系统的数学模型和方案进行优化和调整，从而达到精准灌溉、科学施肥，提高农产品质量、产量。基于土壤墒情和气象要素的水肥一体灌溉决策子系统参数可动态组合和扩展，为生态用水保障、作物生育期决策、灌溉决策、施肥决策、环境调节提供大数据分析，具有集成度高、响应速度快、效果好、准确率高、数据误差率低的特点。智慧灌溉应用子系统如图 5.8 所示。

(6) 农业地理信息平台应用子系统

农业地理信息平台应用子系统的数据基础是地理空间信息资源，具有较强开放性和可扩展性。该信息平台主要包括耕地资源管理系统、农业区域布局管理系统、农情及生产管理系统、测土配方施肥管理系统、农业灾害控制系统、农业建设成果展示系统、运维管理系统

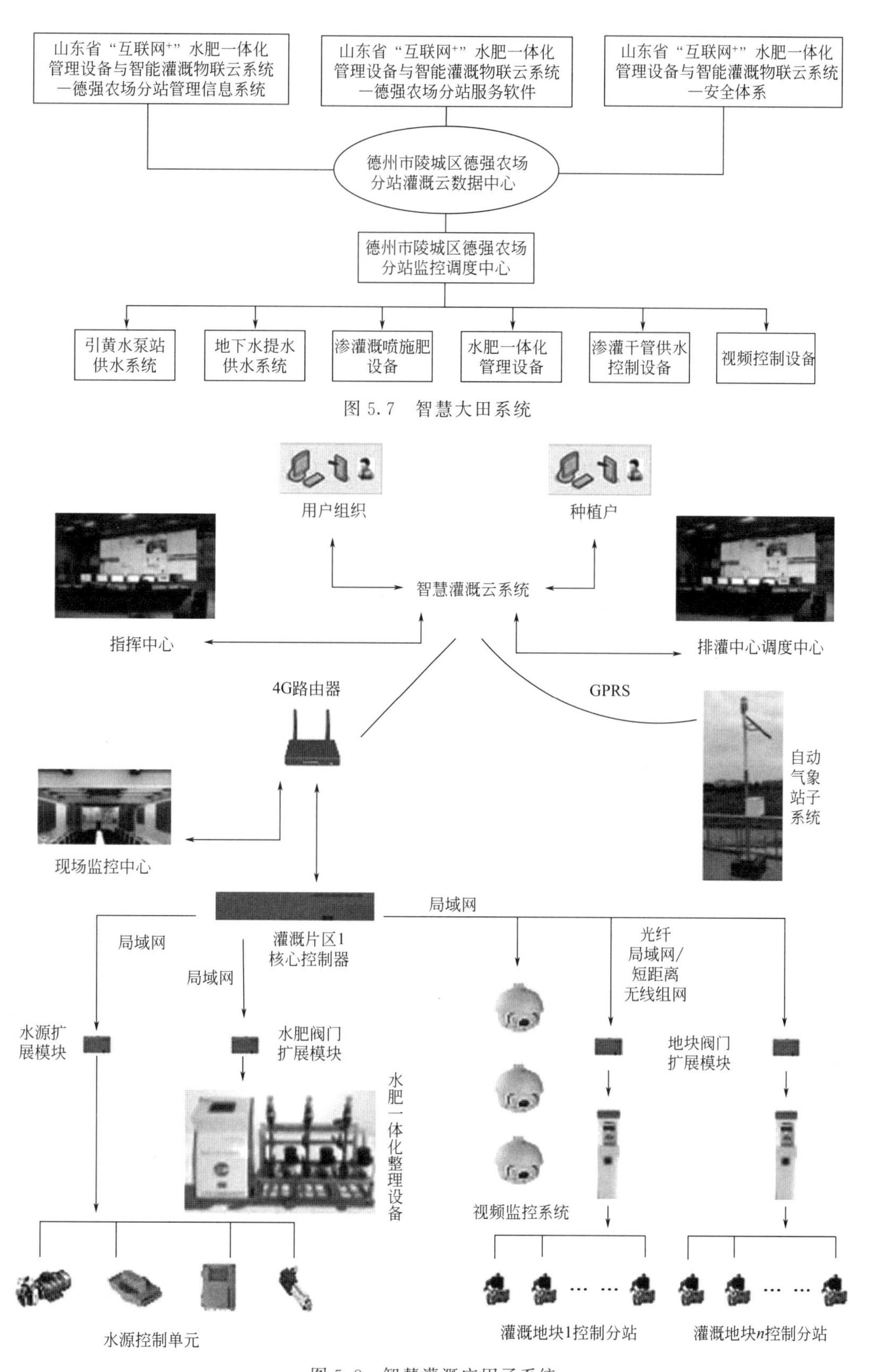

图 5.7　智慧大田系统

图 5.8　智慧灌溉应用子系统

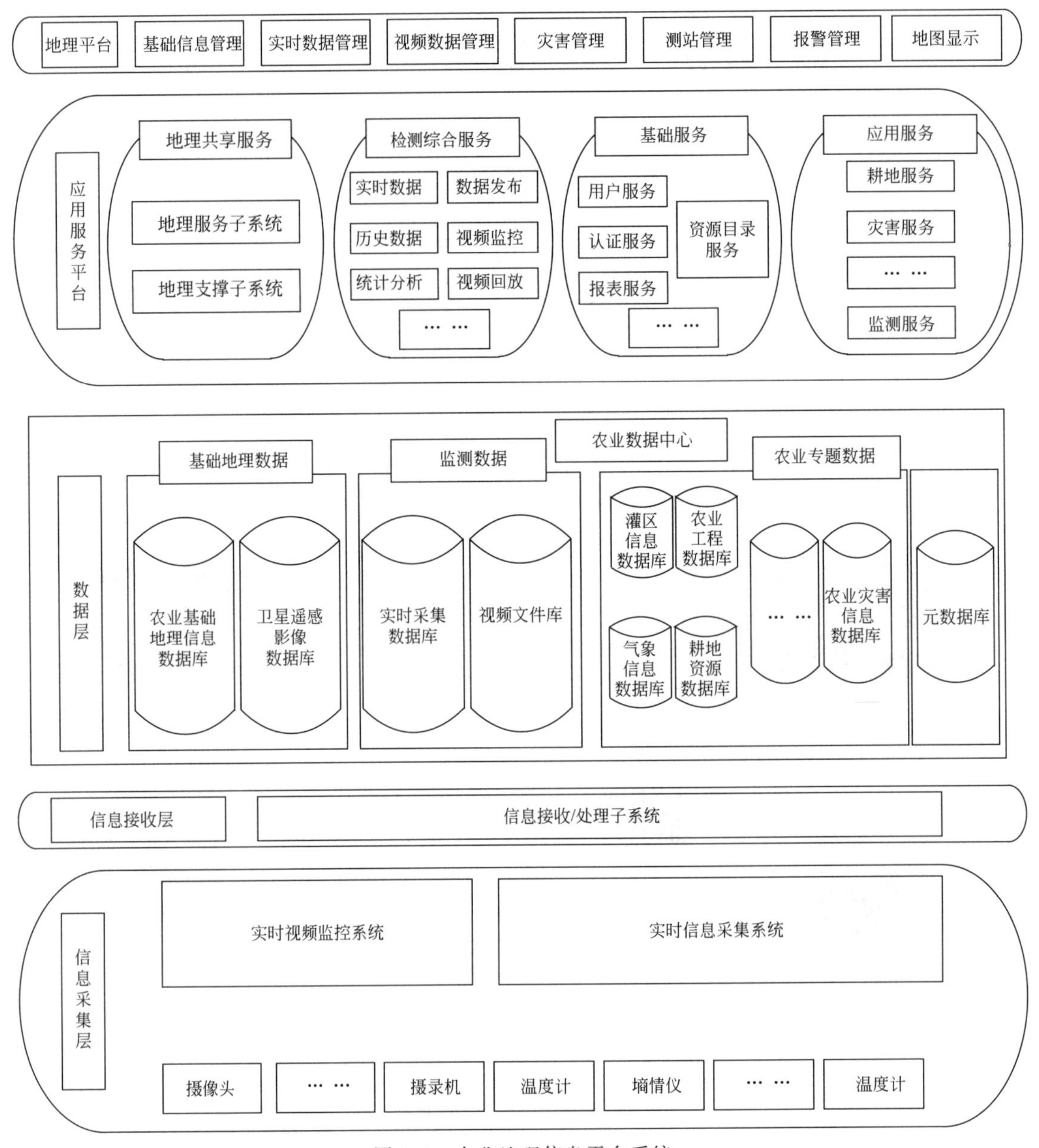

图 5.9　农业地理信息平台系统

等。该平台可以和农业综合应用平台有机集成，实现统一地理信息资源标准、统一地理信息技术标准规范、统一地理框架、统一地理信息资源应用服务管理模式，实现“一站式”互联和单点登录。农业地理信息平台系统如图 5.9 所示。

农业地理信息平台系统总体框架采用多层技术架构、B/S 运行方式，储存、服务器系统采用集中式部署方式。

5.3　农业物联网智能终端产品

（1）终端核心模块的组成

农业物联网的智能终端核心模块为视频采集模块、视频压缩模块、主控模块和传输模块。视频采集模块采集模拟视频信号，并进行模数转换，转换后的视频信号由视频压缩模块进行 MPEG-4 视频压缩。主控模块负责各个模块的配置、控制与协调，对视频压缩模块处理后的视频数据进行 TCP/IP 封装。传输模块负责无线链路构建、传输与维护，将视频数据通过无线网络发送到互联网，同时接收后台传来的控制指令。

1）视频采集模块　视频采集模块由视频采集芯片、解码器和摄像机组成，摄像机带有变焦镜头，或使用变焦摄像机（一体机），监控执行情况和图像的变化；控制模块根据 PTZ 指令进行控制，使摄像机镜头上下左右运动。

视频采集模块里面最主要的视频芯片是 Philips Saa7113H 芯片，它的主要的功能是将输入信号里的模拟信号转换为数字信号，并履行 A/D. Saa7113H 转换功能，提供四个模拟输入渠道，可转换成数字输入。它还提供了两个重要的模拟信号源的通道，供选择、校正电路，放大器模拟，反联盟过滤器和 9-比特 CMOS 模拟数字转换器使用。

2）视频压缩模块　视频压缩模块主要负责压缩 Saa7113H 输出的视频数据，并通过 i2c 模块配置和调试 Saa7113H 终端。视频流的输出可以是 MPEG-4 或者 H.263，可以通过主机、主机接口或并行接口、USB（通用串行总线）接口并行输出。

3）中心控制模块　中央控制模块的控制中心是嵌入式系统，主要由外周硬件及 ARM9 处理器和嵌入式 Linux 操作系统控制、配置和设置视频压缩模块、视频采集模块、视频传输模块，以确保每个模块的正常工作和协调行动。中央控制模块系统存储压缩视频数据及其解释，根据 TCP/IP 协议发送给后台监测中心并解析控制模块远程监控中心的指令。

中心控制模块采用 ATMEL 公司生产的 AT91RM9200 处理器。AT91RM9200 是整个嵌入式终端的核心部分，连接视频压缩模块和视频传输模块。AT91RM9200 使用外部总线接口与 G07007SB 进行连接，由静态存储控制器（SMC）来产生一些信号，用来控制 G07007SB 的访问。SMC 可以编程地址长达 512M 字节，有 8 个片选信号和一个 26 位的地址总线。16 位的数据总线和 G07007SB 的地址数据复用总线连接。独立的控制信号可与存储器的外设直接连接。选用 NCS7 作为 G07007SB 的片选信号，它和地址信号线、读写控制线一起经过时序转换的电路转成 HPI 的 16 位的异步复用模式的控制类信号。与此同时，中心控制模块使用正常外部的中断输入 IRQ0 作为 G07007SB 的 HPI 中断进行输入。AT91RM9200 有两个符合 RS232 的串口，它采用一个串口与视频发送的模块 MG815 来进行通信，另一个串口接到云台解码器上，控制云台的动作，可以作为调试的接口来使用。

（2）农业物联网智能终端功能

农业物联网终端功能主要包括数据采集、数据存储、数据传输、传输方式选择、数据报送、查询、智能分析、智能控制、自动组网、参数设置、电源管理、备用通道、GPS 定位授时、终端识别等功能。

数据采集主要完成各类传感器的数据采集。数据存储可以实现大容量数据存储，具有长时间存储和掉电数据保护功能。数据传输实现向多个服务器传输数据，并具有远程数据遥测、本地下载和远程下载功能。传输方式通常可以选择有线网络、无线网络、卫星通道等。数据报送具有自报、加报、按等级报和智能同步多种报送方式。数据查询可以提供本地查询、远程查询和远程浏览（被动访问）等多种操作。智能分析和智能控制主要完成对监测数据进行现场计算与分析以及对水泵、阀门等设备的远程控制。自动组网无需复杂设置，终端即可自动连接到数据中心。参数设置有本地参数设置、远程参数设置、远程维护和远程系统升级等多种操作。电源管理有自动充放电管理、供电方式自动切换、电池电压监测等功能。

一些特殊情况下可选用备用通道，常采用的备用通道有卫星、GPRS、电台等备用通道，且备用通道支持主备通道智能切换。GPS定位授时为设备提供GPS定位和时钟授时服务。终端识别采用RFID标签实现，联网或经移动设备感知后即可通过该标签获取农业设施的基础信息。

未来的农业物联网将是个大系统，大到一头牛、小到一粒麦子都将拥有自己的身份，人们可以在任何时候通过网络了解它们的地理位置、生长情况等信息，实现农牧产品的相互关联。作为农业物联网的基础，需要解决的问题有：农业传感设备的低成本、自适应、高可靠、微功耗；农业传感网的分布式、多协议兼容、自组织和高通量等；信息处理的实时、准确、自动和智能化等要求。集传感器技术、无线通信技术、嵌入式计算技术和分布式智能信息处理技术于一体，具有易布置、方便控制、功耗低、通信灵活、成本低等特点的物联网技术成为实践农业物联网的迫切应用需求。

未来几年农业物联网的发展或将呈现以下趋势。

第一，传感器向微型化、智能化发展，农业物联网传感器的种类和数量将快速增长，应用日趋多样化。随着微电子、计算机等新技术的发展和应用，传感器的智能水平和感知能力将进一步提高。

第二，移动互联应用更加普遍，网络互联将变得更加全面，农业物联网的容量将大大增加，通信质量和传输速率将大大提高。

第三，物联网与云计算、大数据深度融合发展，帮助智慧农业实现存储信息资源和计算能力的分布式共享，大数据的信息处理能力可以为海量的信息处理和利用提供支持。

第四，智能服务应用范围更加大。随着产业链不断成熟和物联网关键技术的快速发展，物联网应用将会从行业应用拓展到个人和家庭。农业物联网软件系统将能根据环境的变迁和系统运行需求及时调整自身的行为，提供环境感知的智能服务，进一步提高自适应能力。

第6章

农产品安全质量追溯应用子系统

农产品安全质量追溯实现农产品“从田间到餐桌”的全程质量监控，为农产品质量安全做出保障，使消费者对食品安全放心。

项目设计从全局出发，以“平台上移、服务下延”为指导思想，依托农业监管追溯平台，实现“二区划分”、肥水一体、农业物联网等农业信息业务系统对接。同时借助市级信息共享交换平台，纵向上实现与省、市公共信息的交换共享，横向上实现与各地区、县级农业监管追溯平台和公共信息系统的数据交换共享。

本项目的设计遵循以下的原则。

(1) 统一规划、统一架构

为确保项目建设的有序和规范进行，按照《农业云平台建设实施方案》统一技术规范、统一技术架构、统一平台管理和业务服务方式。

(2) 实用性、开放性和可扩充性

本项目所建系统功能实用、结构合理，为政府各农业职能部门信息化系统建设提供农业基础数据的支撑，为农业追溯信息资源共享服务开拓新模式，规范信息资源共享行为，同时可有效避免重复投资，提高资源利用率，满足农业管理和业务发展的多方面需求。

信息系统要保持长期稳定运行，要求有足够的开放性，可分期逐步发展和完善，而兼容性则是系统开放性的具体表现形式，这样才能使前期投资持续有效。为此在符合行业标准的前提下，保证系统有良好兼容性并在允许扩充的环境中运行，以便于系统的升级和扩充。

运行平台的设计采用模块化的拼接，可以更容易实现其他信息的扩展。这就要求系统能够提供标准接口，使政府各农业职能部门更容易通过网络调取数据库中各种农业信息，并快速有效地应用于各自的专业系统中。

(3) 规范性和标准性

系统建设严格按照步骤有序进行，包括可行性论证、用户需求、初步设计、详细设计、项目实施计划、系统测试、系统试运行、系统验收。在项目的实施过程中积极配合，提供相关资料，提出统一需求并进行监督，每一阶段完成后，都要对结果进行及时的检验并提交反馈报告。

系统设计及数据保存的规范性和标准化工作是信息系统建立的关键环节，以标准化为基础，保证了系统各模块的正常运行，也为系统的开放性、与其他系统兼容和扩充以及数据共享提供了支持。

为了保证系统的协调性和兼容性，便于规范化处理各种数据信息，可以制定一套地方标准，满足需要。若以国家标准和行业标准建立系统，则更容易实现数据信息资源的共享及调用。

(4) 安全性和保密性

系统的网络和软件配置可实现多用户任务实时操作，在操作过程中严格设定用户操作权限，确保网络运行及数据库的安全性与保密性。同时还要考虑有效的数据保护，保证应用系统的运行安全和数据的存储安全，合理地将当前业务系统与新的业务系统的用户管理、认证及授权机制相结合，建立一整套方便、清晰、易管理的用户安全认证管理机制。

(5) 稳定性和可靠性

稳定性和可靠性依靠系统的鲁棒性和准确性来保证。系统必须有足够的鲁棒性，这就要求系统经过反复测试后再提交，保证系统长期的正常运行，若软、硬件发生错误或故障，系统可以维持运行，不会立刻崩溃，数据也不会丢失，甚至能够修正错误、处理故障，及时恢复正常运行，并给出运行报告，减少不必要的损失。系统的准确性是指系统所保存的数据真实有效，不会因为自身原因或外界干扰产生无效甚至错误数据。

6.1 业务需求

(1) 功能需求

平台功能需满足区县级农业监管的实际要求，以现有农业管理平台为基础进行升级，整合肥水一体、农业物联网等农业信息系统，规划设计农产品追溯系统，依靠专家视频系统、农产品直播、网络会议、农业经营管理人员考试、档案材料管理等子系统，建立完备的区县智慧监管体系，为区县级农业的发展提供智力支持。

将多维度、多类别、多角度的农业信息汇总，通过系统分析，输出监管报告和决策参考，并可根据实时政策与规范对分析系统进行在线升级与调整，满足多方面的分析需求，为区县级农业发展和监管做好科技服务，更好地促进区县级农业的安全生产和健康发展。

(2) 性能需求

1) 精确性　数据在输入、存储、输出及传输的过程中要根据实际需要提出精确性的要求。根据输入的关键词不同，查找到不同的输出结果。例如：数据搜索可分为模糊搜索和精确搜索。模糊搜索是指在搜索栏中输入与想得到信息匹配的若干关键字，即可得到多种相关输出，从中进行查找得到具体结果。精确搜索则是输入与想查询主题完全一致的词条，从而得到此主题下的精确信息。

2) 快速性　允许系统进行操作的响应时间应该在人感觉以及视觉对其反应的时间范围内（$t<1s$），系统的响应时间需要非常迅速（$t<5s$），从而满足用户快速得到结果的要求。

3) 自适应性　在操作方式、运行环境、软件接口或开发计划等发生变化时，系统能够比较快速地做出响应及改变，系统本身具有较强的自适应能力。

4) 易用性　系统界面简单明了，操作过程易于学习。在操作过程中，对客户端和服务器进行双向验证。对信息格式和数据类型有明确要求的输入，当出现错误输入时，因为错误提醒这种机制的存在，就会提醒使用者不要输入错误信息和使用错误的操作系统。

5) 系统的安全保护性　只有通过注册和登录之后，用户才能使用系统，系统对用户的信息仔细验证后，自动地对验证通过的用户的权限进行设置，保证其合法性。对用户注册的登录名、密码以及使用系统产生的重要信息进行密码保护，以使用户的信息处于安全状态。

6) 方便维护性　系统中采用了结构清晰的 B/S 模式，以日志方式来运行数据，记录注册用户使用过程中的操作和故障信息，便于维护人员通过查询日常记录日志信息进行维护。

(3) 安全需求

1) 安全策略的需求　制定县级农业局农业监管追溯平台运行相关规则及安全策略，主要内容包括策略的建设需求、内容需求、层次需求、管理需求和管理平台的需求，并要求所有管理和使用农业监管追溯系统的人员都必须严格遵守。

2）划分安全级别的需求　依据国家信息安全等级保护的规定，对于农业系统信息资产的安全级别做出具体定义。对农业业务网系统的信息安全进行等级划分。例如在数据库系统、平台系统、服务器和网络中心等不同种类的系统中划分安全等级。

3）物理方面的安全需求　包括环境、设备和介质等。

农业系统在所处环境下应能得到足够的安全保障，比如防电磁干扰、防数据损坏等的安全建设应符合国家标准。

对于组成农业监管追溯平台的路由器、交换机、服务器等设备以及广域网、局域网等网络配置，要有足够的安全保障措施。

当介质中保存着重要数据的时候，其登记、复制、借用、销毁、备份乃至废弃，都要保证安全，防止数据损坏、丢失甚至被窃取。

4）计算机系统安全需求　要有一个极其强大的防火墙，保护电脑不受非法入侵，阻止电脑病毒对计算机操作系统的破坏。系统要对用户的权限进行设置，以免用户操作导致的系统安全问题。系统中要求安装杀毒软件，可以实时监测并清除越过防火墙进入系统的病毒，要求杀毒软件也要及时更新，识别最新种类病毒。应该避免系统中使用的数据库系统、其他软件对系统产生危害，造成安全漏洞，排除黑客入侵系统的隐患。

5）应用系统及数据安全需求　根据县级农业局农业监管追溯平台及数据的安全需求，在全网建立用户身份认证机制、用户访问控制机制、数据保密性机制、数据真实完整性机制、系统抗抵赖机制、系统安全审计机制、数据备份和恢复机制，来保护系统中的数据资源，同时提高系统以及系统中数据的安全性和可靠性。

6）信息安全管理需求

① 建立安全管理机构，还要增加执行部门，人事部门定期进行信息安全教育培训，要求工作人员主动提高安全意识。

② 制定全面完善的信息安全管理制度，将农业信息资源可能受到各种威胁都考虑进去，一旦出现危险，将危害程度降到最低。

③ 参照ISO/IEC17799《信息安全管理实施细则》国际标准，依据《计算机信息系统安全等级保护管理要求》，建立动态信息安全管理机制。

④ 对具体的硬件和软件进行层层分解，确保责任到人。

7）运行安全需求　安全管理机制的建立、数据的多级备份、系统的安全审计以及应急故障响应等。

（4）信息传输策略

政府监管部门登录到电子政务网以后，可以进行数据传输，实现内部网络运行，安全可靠。按照电子政务内网建设规范采购相关设备，然后建设部门组织域和农业监管追溯业务域，对端到端的数据进行对称加密处理，建立严格、缜密的信息传输策略。

6.2　技术路线

（1）基于JEE技术，采用B/S架构整个平台

系统采用Java EE技术建立服务平台，并基于B/S进行体系架构。

采用Java EE平台作为行业标准，在系统的设计、开发和实施过程中有下列主要优点：

1）客户端采用浏览器的形式，增强了平台的易用性，这种模式相对于传统的C/S模式而言，减少了对于前端应用的部署和维护；

2）在系统实施过程中，采取专业化的模块化分工合作形式，许多分步工作可以同时进行，有利于提高开发效率；

3）应用SOA思想将业务模块化，从而简化整个系统的框架，系统开发人员只负责系统的业务逻辑的开发工作，访问系统服务代码的编程交由其他专业人员完成；

4）Java EE标准可以对XML、CORBA、Web Service等众多跨平台先进技术进行良好的支持，企业推行SOA可以此作为技术基础；

5）以Java EE为标准的系统一般都具有较强的可重用性、可伸缩性、可扩展性以及易于维护性，因此Java EE平台产品在如今SOA的众多的平台中得以脱颖而出。

（2）面向信息服务的原型驱动开发模型

良好的沟通环境有利于系统质量及建设进度的把握，所谓沟通环境包括系统开发阶段的前后衔接，各环节开发小组之间的业务交流，公司与用户之间对于计划质量等方面的交流。为了保障建设动作的协调一致，真实、量化、直观地了解时间、质量、成本等项目状态，就要制定好各环节、各层面、各阶段的接口，配备专业的需求分析团队，通过原型驱动不断与客户进行交流，促进平台快速平稳建设。

（3）网页防篡改系统

网页防篡改系统采用四重防护技术，依次是防SQL（结构化查询语言）注入、实时阻断、事件触发及Web服务器核心内嵌，可以做到网站无漏洞防御，提高门户与平台的安全性。

1）防SQL注入　可以检测并有效屏蔽针对网站的恶意扫描行为，防止针对网站数据库（SQL）资源的注入式攻击。当发现有针对SQL的注入企图时系统自动报警，同时可以设置权限自定义并修改和更新SQL注入规则库。

2）实时阻断　实时阻断是一种以文件驱动技术为核心的主动式防篡改方法。将专用文件驱动加载在操作系统中，当非法进程尝试对网站中的信息进行篡改的时候，专用文件驱动就会检测出这个非法进程，并且对这个进程进行判断，判断它是否合法，如果不合法，那么就对它进行阻断。

3）事件触发　信息源来自于操作系统内核消息，检测引擎会在文件变更的时候立即触发，对这次的变更进行分析，然后产生一个事件。系统会对操作行为进行认证，如果本次的操作行为是没有经过授权注册的，那么系统就会将这次的操作行为认定为非法，从而引发系统报警并进行恢复。

4）核心内嵌　核心内嵌是将网页篡改检测模块嵌入网络服务器或应用服务器软件内部。系统服务器一旦收到URL请求，会检测验证所请求的页面文件的合法性，在确保每个网页文件的真实性、合法性之后，命令服务器对外发送网页。

（4）采用标准成熟的基础支撑软件

选择国内标准成熟的基础软件来支撑平台建设，包括后台内容协作平台、网页防篡改系统以及云监控系统，目的是保证服务平台的稳定性和先进性。

（5）基于云服务平台搭建

现阶段，由于处理器技术、虚拟化技术、分布式储存技术、宽带互联网技术和自动化管理技术的发展，人们对云计算（cloud computing）这种网络超级计算模式的定义进行了重新定义。用户可以根据个人需求来访问计算机网络和第三方存储系统，按照所需的应用直接调取互联网资源进行操作，达到类似于“超级计算机”的强大效能的网络服务模式。

当今在 IT 行业和互联网行业之中的发展趋势是“云计算”，此系统建立的“农业综合信息管理平台”以为用户提供可靠安全的数据存储环境、提高资源利用率和节省投资为目的，对大规模数据进行统一、有效的管理，实现共享网络资源的服务。

6.3　农产品追溯平台

（1）总体设计

农产品安全质量追溯服务平台将多种传感器布局在农业生产区域，可以全天候全自动采集如光照强度、环境温度、空气湿度、土壤含水率等影响农作物生长的重要环境信息。系统建立关于农产品生长的档案，这些档案包含着植物生长时期的各种关键信息，按照标准化流程规范种植过程中的化肥和农药使用情况及其图片记录。农产品成熟收割后，将产品分成不同的批次进行管理，分批次独立地建立安全质量档案。为了容易分辨，要在档案上贴上对应的标识，比如二维码。实现从种植、采摘到流通、销售等环节的全程监控，消费者最终可以用手机来实现对产品的追踪，查看系统中农产品相应的档案，同时可以为企业建立一整套生产、物流、销售的可信流通体系，为政府部门提供监督、管理、支持和决策的依据。

图 6.1 为农产品安全质量追溯过程。

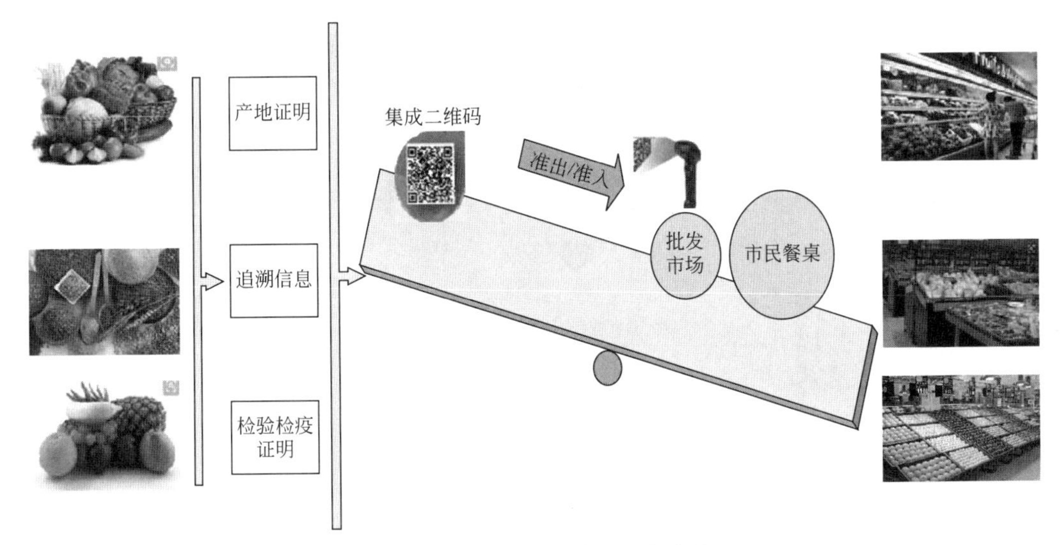

图 6.1　农产品安全质量追溯过程

农产品质量安全追溯系统是面向政府监管、消费者溯源、企业生产管理的电子化监管与追溯平台。本系统综合了网络技术、产品编码技术以及多媒体查询技术，解决了政府农业生产监管及农产品质量溯源两个方面的需求，使得农业生产中的生产流程及投入品使用可以上报管理部门进行监管，并且在农产品进入流通领域后可以通过网络进行产品产地、批次、流向等数据的回溯，从而对农产品质量进行广泛性深层次的有效监管。

在农产品生产、流通和检测整个领域各个环节都进行系统监管，基于生产档案电子化管理，使安全生产真正服务于生产者；基于农残检测环节及农产品流通环节的信息化，使追溯服务更加可靠地服务于消费者。想要建立农产品安全的监管网络，并让这个监管网络变得信息化、网络化、立体化、智能化，就需要建立数据整合、查询、分析服务。

在建设基地数据信息、生产产品管理信息、投入品使用管理信息、种植管理信息、养殖管理信息、包装管理信息、库存管理信息、产品销售管理信息等功能前提下，为政府和农业企业提供产前管理、产中监管、产后追溯、生产预警、统计分析、二维码打印和消费终端的质量追溯、质量反馈等功能。

不断完善农产品生产过程流媒体信息、追溯系统中投入品使用信息、投入品溯源信息、农产品合格证管理、农产品追溯编码管理与二维码打印子系统，同时加入生产监管追溯APP标识传递子系统、称重打码子系统、县级监管用户监管子系统、高空鹰眼子系统，使农产品相关信息以二维码形式传递，新增信息查询和数据分析两大模块，实现对农产品追溯信息的查询和分析。

农产品追溯平台物联网结构见图6.2。

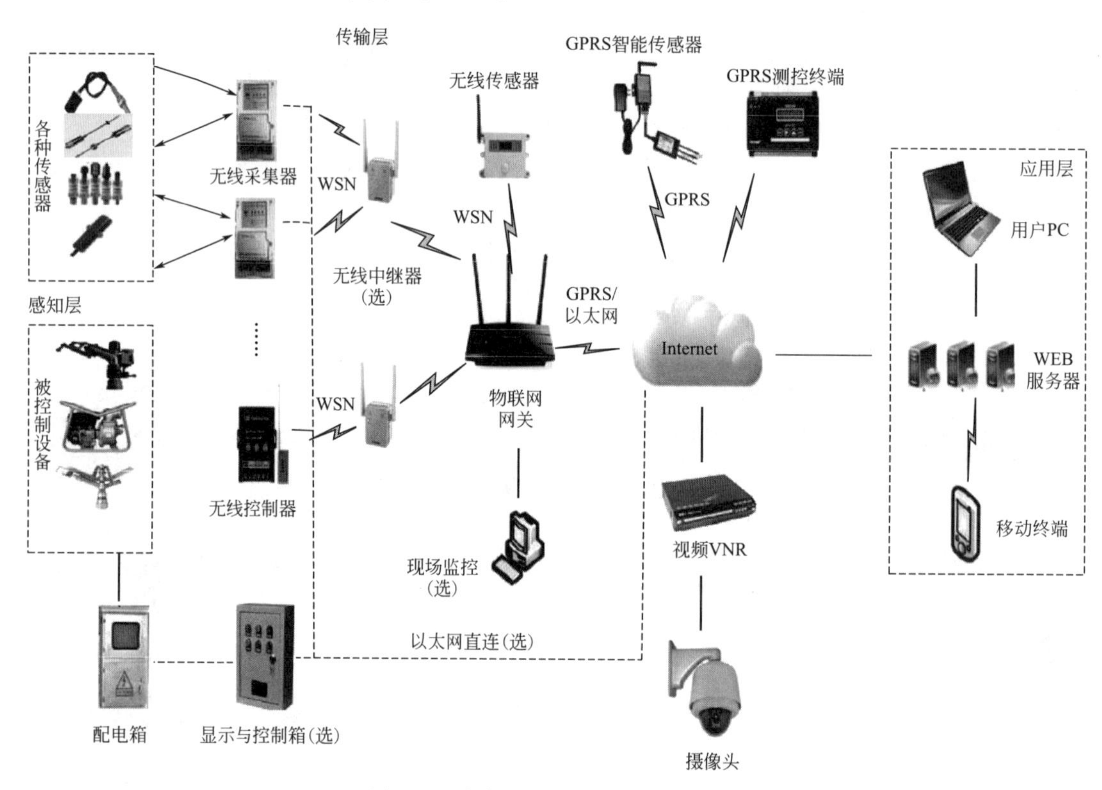

图6.2 农产品追溯平台物联网结构

（2）二维码流转管理

系统将企业、基地、地块（大棚）信息全部编入二维码，同时将投入品监管平台的投入品二维码引入农产品生产过程追溯平台，要求在每次农事活动时，系统可通过手机扫码将地块信息、农事活动信息、投入品信息全部关联，做到通过扫码串联添加农事活动信息及投入品使用记录信息，便于使用者信息录入。

1）二维码生成　二维码生成对象为基地信息、地块（大棚）信息、投入品信息，生成内容为已编码的字符串，长度为64个字符。生成的二维码支持打印、保存图片，但仅支持通过系统APP查看对象详细信息。

2）二维码扫描　使用系统 APP 的二维码扫描功能，可将对象的地块信息、农事活动信息、投入品信息等关联信息全部展示出来，便于使用者查询农事活动信息及投入品使用记录信息。

（3）农产品流媒体信息溯源管理

在农事活动时，系统可通过 APP 摄像将农事活动图片及视频信息加入农事活动信息库中。系统也可根据时间设定，自动从视频监控及鹰眼子系统中截取图片，并将监控截取的图片信息插入到农事活动信息库中。最终将所有图片及视频信息作为溯源信息，集中展示到农产品的追溯信息中。

1）农事活动流媒体采集　农事活动流媒体采集主要通过用户填报和系统自动采集两种方式。

用户需要填写农事活动类型、农事活动时间、农业活动日、投入品类、投入量等，并上传农业活动图片。

系统自动采集则是根据时间设定，自动从视频监控及鹰眼子系统中截取图片信息，并将监控截取的图片信息插入到农事活动信息库中。

2）农事活动流媒体存储、展示　农事活动流媒体视频信息以 MP4 格式、H.265 编码为主，图片信息使用 PNG、JPG、GIF 等主流格式，兼顾兼容性与存储效能，一个相同的链接，进入后会显示农产品的档案信息，最后在农产品追溯媒体库中存储。

农事活动流媒体展示以农产品追溯平台为依托，以视频流媒体、农事活动图片为主要的展现形式，可通过网站、APP 等多种形式观看，体现农产品追溯信息展现形式的多样性和生动性。

（4）产品合格证管理

通过产品合格证管理子系统可以在线生成包含有农业追溯二维码的产品合格证，具有套打功能。消费者可以通过扫描合格证中的二维码直接查询农产品的追溯信息。

（5）农产品追溯监管子系统

建设县级农产品追溯监管系统，实现全县农产品追溯信息的监管和农产品流通领域监管。

1）追溯信息监管　设置县级监管用户角色，该用户登录以后，可查看农产品生产企业、药肥投入品生产销售企业、企业生产的产品、农作物生长过程记录和农产品质量追溯信息。同时，基于县级农产品追溯监管平台，实现全县范围内的涉农生产、加工企业及其附属农产品的全流程追溯信息检索，支持通过设置附加条件进行统计分析，为农业产业决策提供数据支撑。

2）农产品流通监管　农产品流通监管面向县级农产品相关企业，通过采集农产品加工和销售企业基地数据、生产过程档案数据、农产品流向数据，对企业经营管理、农产品综合管理、生产档案数据等信息进行备案，完成对全县农产品生产、加工、销售全产业链的监督和管理。

（6）投入品溯源信息管理

投入品管理与追溯系统是围绕农资监管的业务内容和工作流程而建立的，构建面向市级农资主管部门、乡镇农资执法人员的管理服务与移动办公平台，实现投入品“生产—经营—消费”的全流程监管和追溯，提高政府对农资监管的实时性和有效性。

按照生产的时候有信息记录、记录的信息可以被查询、农产品的流向可以被追踪、农产品的质量可以被追溯、农产品的安全责任可以被追究、发出去的农产品可以被召回的基础要求，把农业资源的质量管理当作抓手，以二维码为形式实现农资来源、流向、交易、质量全程信息化监管，从源头上杜绝违禁农资进入农业生产领域，使用检验和执法系统识别和把控农资安全风险，打造农资安全使用的农业环境。

加强投入品溯源信息管理，对投入品告知备案信息及流通信息进行综合管理，并在农事活动中加以利用，将系统原有农事活动引用的农业投入品信息融入农产品溯源信息中。投入品管理与追溯系统如图 6.3 所示。

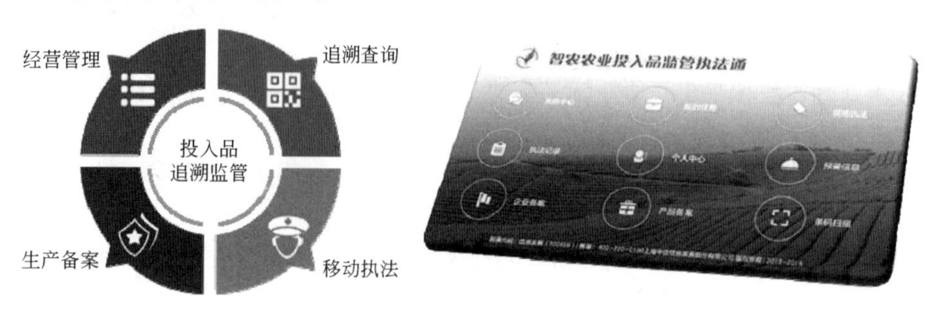

图 6.3　投入品管理与追溯系统

(7) 农残检测平台数据对接

基于行业标准规范数据开发接口，将农产品追溯系统与农残检测平台进行对接，将农残检测平台自动上传的检测数据与农产品生产过程信息进行关联，并统一纳入农产品溯源信息中，使消费者通过智能终端扫描二维码即可查询到该农产品的农残检测信息。

(8) 信息查询

1) 基础数据查询　基础数据查询包括基地信息查询、地块信息查询、农户信息查询三部分。

基地信息查询通过基地名称、行政区划、联系人条件查询基地名称、基地简称、行政区划、主产品种、基地面积（亩）、基地等级、联系人、联系方式等信息。

地块信息查询通过地块名称、所属基地、地块类型条件查询地块名称、地块类型、所属基地、耕种农户、地块面积（亩）、土壤类型、灌溉类型、土壤 pH 值、创建时间、联系人、联系方式、地块描述等信息。

农户信息查询通过农户名、行政区划条件查询农户名、身份证号、性别、地址、联系电话、所属乡镇、所属村或街道等信息。

2) 产品查询　产品查询按照基地类型分为一般生产基地查询和标准化基地查询。根据产品类型、产品名称、种类、所属基地等条件，查询产品名称、产品种类、产品品种、产品标准、产品认证、认证日期、产品等级、产品规格、种植地块、产品状态、保质期天数等信息。

3) 投入品查询　投入品查询分为投入品采购查询、告知申请查询、告知备案查询。

投入品采购查询通过产品码、产品名称、产品类型、生产企业、经手人、进货日期等条件查询产品码、产品名称、产品类型、数量、单价、生产企业、经手人、进货日期等信息。

告知申请查询通过申请编号、申请单位、产品名称等条件查询产品申请编号、申请类型、产品名称、申请单位、生产企业、申请日期、审批日期、审批人、审批状态等信息，并可以解冻、将信息进行比对、打印告知申请书、导入产品或准入证。

告知备案查询通过备案编号、备案单位、备案时间等条件筛选出备案编号、备案类型、产品名称、备案单位、生产企业、备案日期、审批日期、审批人、审批状态，点击备案编号，可查看投入品详情。告知备案查询同样支持打印对比信息、导出、冻结、复用等功能。

4）种植查询　农产品种植查询包含定值查询、生长查询、采摘查询、育苗查询、病虫害防治查询。

农产品定值查询通过生产单元、定值产品、定值人员等条件查询定值产品名称、定值日期、生产单元、地块信息、定值面积、定值人员、种子用量、当前状态、预计采摘日期、预计产量等信息。

生长查询通过活动类型、地块信息等条件查询生长活动类型、地块信息、定值品种、活动时间、投入品、用量、参与人员、活动照片等信息。

采摘查询通过定值品种、采摘起始时间等条件查询生产单元或地块信息、定值品种、采摘开始时间、采摘人、采摘结束时间、采摘重量、未包装重量、采摘描述、农事活动照片等信息，并可选择采摘产品入库。

育苗查询通过种子名称、育苗方式、育苗设施等条件查询定值种子、育苗方式、育苗设施、育苗天数、开始时间、结束时间、育苗负责人、育苗备注信息、育苗状态、活动照片等信息。

病虫害防治查询通过基地名称、地块名称、农药名称等条件查询基地名称、地块名称、农药名称、施药日期、农药用量、计量单位、稀释倍数、病虫防害类型、防治对象、施药方式、污染程度、天气情况、活动照片等信息。

5）包装查询　包装查询包含包装规格查询、包装查询、加工查询三类。

包装规格查询通过类型、计量单位等条件查询农产品规格重量、计量单位、包装类型、大包装所含小包装数量、规格码等信息。

包装查询通过日期、品种等条件查询包装的产品信息（品名、批次等）、配送单号、配送目的地、包装日期、包装总重量、所用包装数量、检测信息。

加工查询通过基地信息、加工产品、日期等条件查询加工产品的信息、加工批次、所属基地信息、地块信息、加工日期、加工步骤、加工数量、加工负责人、加工地点、加工图片等信息。

6）库存查询　库存查询通过农产品品名、库存量、价格等条件查询库存量、采摘单价、销售单价、单间单位等信息。

7）销售查询　销售查询通过销售类型（零售、批发）、产品种类、日期等条件查询产品名称、购买人、销售数量、成交价格、经手人、销售日期、销售地点、活动照片等信息。

8）产地证明查询　农产品产地证明查询通过基地、编号、日期等条件查询所属基地、所属地块、产品名称、种植信息、农事活动信息、采摘信息、育苗信息、病虫害防治信息、包装信息、加工信息、检测信息、采收信息、储运销信息，并可以生产合格证、打印合格证标签、生成二维码。

（9）数据分析

1）数据挖掘　按照县级农业局现有业务系统的具体需求，建立适合的多维分析模型，通过抽取、清洗、加工、转换、映射、汇总等技术手段，构建数据库。实现完备的分析挖掘功能，包括对关系型数据的分析挖掘，支持基于数据库的多维模型的挖掘，支持海量数据的挖掘。

① 多维分析　通过钻取、切片、切块、旋转等实现多个角度多个维度的分析数据。

② 知识发现　提供人工神经网络、决策树、关联规则、聚类、分类、孤立点等知识发现方法。

③ 数据挖掘　提供相关分析、回归分析、时间序列分析、主成分分析等统计方法，提供聚类、分类、推荐等挖掘方法。

④ 工作流管理及调度执行　采用可视化可重定义工作流技术，实现简洁、方便的数据挖掘过程定义，按照流程自动控制任务执行。

2）数据分析　基于基地信息、地块信息、农户信息等基础数据，一般生产基地、标准化基地等产品数据，投入品采购、告知申请、告知备案等投入品数据，定植、生长、采摘、育苗、病虫害防治等种植数据，养殖相关数据，包装规格、包装、加工等包装数据，库存数据，销售数据，产地证明这九类数据建设统一数据资源库，并对不同子模块进行不同的数据汇总分析，包括单项年环比、单项月环比、单项同比、单项定基比、多项年环比、多项月环比、多项同比、汇总年环比、汇总月环比、汇总同比等。

数据分析用图主要有饼状图、柱状图、条状图、曲线图、环形图、面积图等，点击图中项目，可以详细展示该项目内的所有数据信息。

第7章

农业物联网应用子系统

7.1 农业生产现存问题以及需求

(1) 农业生产现存问题

1) 劳动力缺失，传统管理模式难以为继。越来越多的农业人口进入城市，种植农作物的人数减少。传统的农业大劳动量种植和管理模式无法满足要求。食品安全对农业生产的要求越来越高。农业精细化、一体化发展急不可待。

2) 化肥使用过度，导致环境污染严重。传统农业对土壤的科学监测少，对必要的作物数量缺乏足够的掌握，导致化肥过度使用，造成土壤硬化，污染地下水，破坏生态环境。

3) 灌溉不节约，水资源浪费严重。传统农业没有持续的监测和分析，不能及时准确地获取温度、光照、蒸腾以及土壤含水量等指标以确定灌溉的时机和喷灌水量，造成水资源浪费。

4) 灾害抵抗力弱。农业生产者多以散户为单位，在极端天气、旱涝灾害时信息获取不及时，易遭受损失。

5) 农业生产规格小，农产品不标准。一般来说，对于小规格的个体单位，农业生产管理过程中存在很多问题，主要是农民个体经营的差异、种植面积小、种植作物分散、无法进行统一供应、行政管理措施不统一、产品很难标准化。

(2) 农业生产需求

针对存在的问题分析得出，现阶段农业生产需求如下：

1) 实现规模化农业生产　与政府发布的相关农业政策相结合，合理实现及推广规模化农业生产的标准模式，形成规模化区域农业。

2) 实现自动化农业生产　自动化农业生产不仅可以提高作物生产的生产力，而且标准化模块和远程管理模式减少了管理人员的数量，有助于解决农村劳动力短缺的问题。

3) 实现精准农业管理模式　精准农业管理模式可以在线监测农业生产环境的气候因素、土壤理化性质因素，结合作物生理生态特点，精准把握农药和肥料施用时机和施用量以及灌溉时机和灌溉量。减少农药施用量，控制农药残留；减少肥料施用量，避免环境污染；减少无效灌溉量，节约农业用水。

7.2 农业物联网拓扑结构和数据传输

农业物联网拓扑结构如图 7.1 所示，主要由物理实体、现场端和县级联网中心组成。其中物理实体由传感器和执行器组成，传感器主要记录物理实体的实时状态，执行器实现对物理实体的实时控制。现场端及物联网监控终端依照数据采集规则，提取、汇聚和处理各传感器上的输出数据，并依照现场端自治权限生成控制指令，驱动执行器运行。县级物联网中心主要由本地计算与控制系统组成，主要对来自各监控终端的感知信息进行综合处理和本地化应用，同时为云平台提供全局共享数据，并接收来自云平台的协调指令。

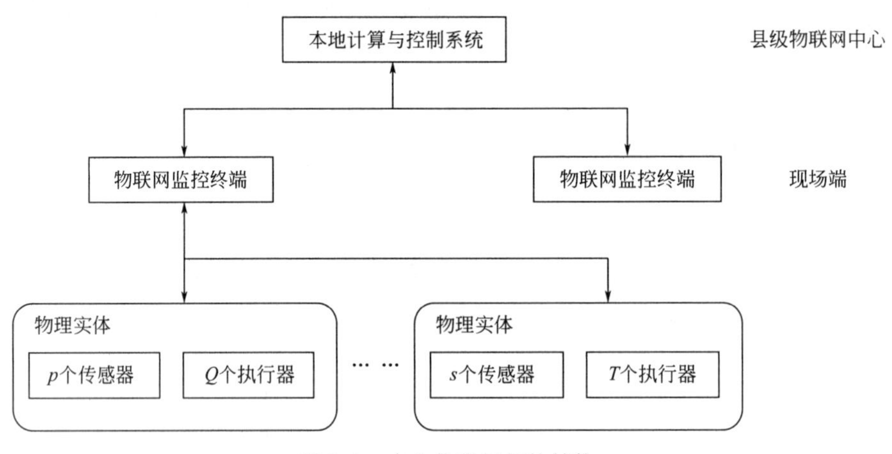

图 7.1　农业物联网拓扑结构

农业物联网传感层和处理应用层的衔接主要是利用各种通信网络或互联网，将底层传感器监测到的信息传递到应用层，将平台的控制指令传输到控制模块。常用传输方式有两种，一种是自建无线传感网络，一种是依托移动通信网络。

1）建设无线传感网　传感器之间采用无线通信方式（如 ZigBee 技术）构建自组织多跳的传感器网络，将传感器监测的信息传输到汇聚节点；或采用有线方式，将传感器等与汇聚节点相连，把监测的信息传输到汇聚节点。

2）依托移动通信网　传输到汇聚节点的监测信息，在汇聚节点实现两种通信协议转换发布到外部网络（如 GPRS \ 3G \ 4G 等移动通信网或互联网），通过外部网络传输到省级应用管理平台；视频、图片信息直接通过 3G 网络传输到省级应用管理平台。同时将平台发出的控制指令发送给控制模块，以便控制模块根据指令自动或手动控制执行设备。外部传输层的建设通过与运营商合作或租用方式解决。

7.3　农业物联网应用子系统——农情生产管理系统

利用 GIS 技术开发农情生产管理系统目的是为了解掌握准确的农业生产信息，提高决策的及时性和针对性。

（1）系统结构和主要功能

农情生产管理系统采用分层结构设计，共分四层结构，分别是客户端界面层、服务端界面层、业务层和数据访问层。具体结构如图 7.2 所示。

客户端显示界面即用户使用的浏览器，系统用 HTML 和 Javascript 语言开发。

服务器与 Internet 工具接口，客户端请求对参数进行分析并进行初始处理和验证，如果

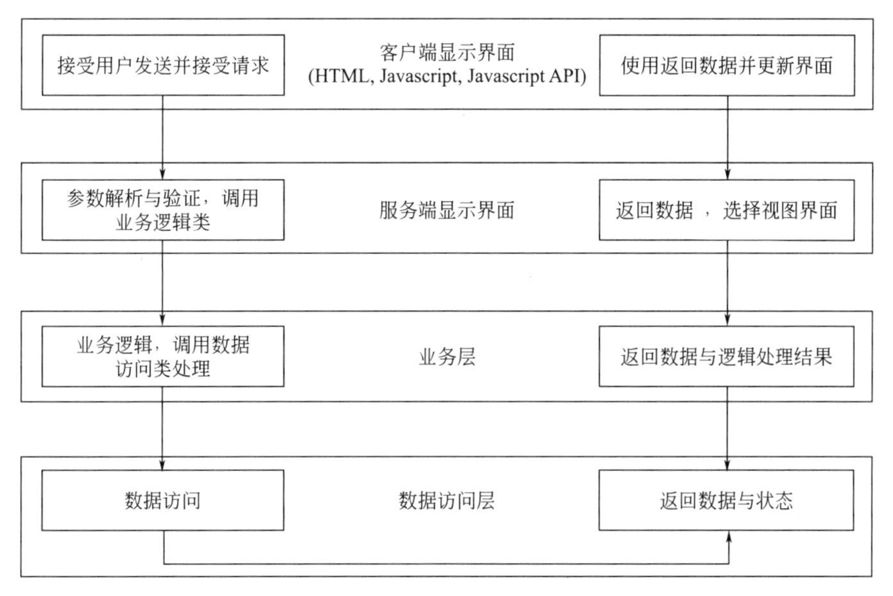

图 7.2　分层结构设计图

参数正确，则相应的业务逻辑根据相应的显示处理请求提供数据和状态。

业务层是整个系统的核心，主要负责完成系统的业务逻辑，并实现对数据的访问，特别是对函数数据的访问。数据的主要类型有：空间数据（用于紧急天气服务 GIS）、基于 Javascript 的关系数据库、XML 数据和轻量级数据交换格式（Javascript 对象表示法）数据。这个层可以实现数据库中的数据和内存中的对象、XML 文件和 JSON 对象之间的相互转换。

为农业生产管理系统的技术人员和管理人员提供的主要功能有农业专题地图、领域数据管理功能、地图工具、个人信息管理功能。

1）农业专题地图

① 农业种植的分布，可以从地图上看到植物的种植，以及所有感兴趣的作物分布。

② 对某些植物、种子出现的分布图，按照既定的比例分类查看。

③ 病虫害的分布和严重程度。

④ 特定作物生产和细分的地图。

⑤ 土地的质地、土壤分布情况。

⑥ 干旱分布和类型。

2）农田管理

① 数据管理，制定数据准入的具体标准及相关措施，资料包括：播种灌溉记录、生产记录、登记起源记录、施肥记录、控制记录、病虫害防治记录、收获记录、产量记录等。数据可以通过专题地图和数据自动显示。

② 统计，对耕地、历史数据、统计模式、形式等进行实时管理，并自动选择相关问题、专题报告或专题地图主题。

③ 在专题地图上对该区域内的项目进行监测，显示监测项目达到预先设定的阈值参数时，通过不同的颜色展示土壤水分状况、干旱状况、病虫害情况、作物规模等的特征数据和

特征状态。

④ 信息传递，通过上下级系统间的通信连接，实现上下级联动，农情的上传下达等功能。

⑤ 农情监测，按照不同的作物种类进行分类，用户可自行制定监测方案和子项目，并对区域进行监测。

3）地图工具　地图的操作，包括放大、缩小、返回、移动和其他功能。

4）个人信息管理　通过对用户实行权限管理，实现多用户按权限进行访问与共享等功能。

（2）大田作物“四情”监测子模块

基于农情及生产管理系统开发的子模块——大田作物“四情”监测功能模块，主要功能是完成对小麦、玉米“四情”信息的监测、控制和管理。信息通常包括监测数据和图像信息，如小麦和玉米墒情、近地气象、小麦和玉米生产活动、长势长相、病虫危害、气象灾害等。小麦、玉米“四情”监测业务流程图如图 7.3 所示。

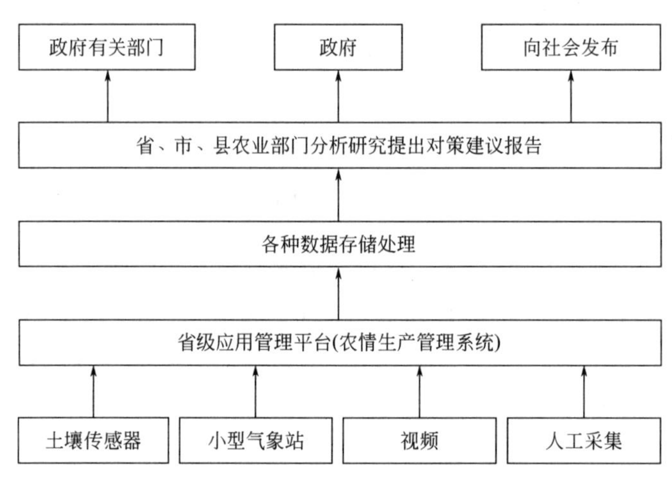

图 7.3　小麦、玉米“四情”监测流程

在小麦、玉米生育期内，通过传感器、小型气象站、视频监控设备和人工采集其“四情”信息，并将所获取的信息通过移动通信网或互联网传输到省应用管理平台存储、汇总、处理。相关信息通过数据共享，传递至省、市、县各级农业部门组织农技站、土肥站、植保站等单位专家，他们通过对辖区范围内的监测信息进行分析研究，制定相关技术措施，并在积累一定历史数据后，通过所建模型进行对比分析，提出预测预警、增减产原因分析、对策建议报告；并将有关报告上报同级政府，提供给政府有关部门，向社会发布。

（3）土壤墒情预警模块

土壤墒情预警模块是根据气象、土壤类型、种植作物生长情况等监测数据建立的土壤墒情全生长周期预警模型。该模型结合墒情指标体系，根据传感器等采集的土壤含水量，可以把土壤墒情划分为渍涝、过多、适宜、不足、干旱、严重干旱六个等级进行实时预警。农情生产管理系统可以用图表等方式展示同比、环比墒情变化趋势，并自动输出农田土壤墒情简报。

1）土壤墒情模型

$$\theta_{a,t+1}=K_t(\theta_{a,t}+P_t+q_t)$$
$$\theta_{0.2预}=5.567\theta_{a,t+1}^{0.349}（11 月\sim4 月）$$
$$\theta_{0.2预}=6.05+0.3167\theta_{a,t+1}-0.0011\theta_{a,t+1}^{2}（5 月\sim10 月）$$
$$\theta_{0.5预}=\theta_{0.2预}+\Delta\theta$$

式中，$\theta_{a,t}$，$\theta_{a,t+1}$ 为第 t 日，第 $t+1$ 日土壤墒情指数，mm；P_t 为第 t 日的降水量，mm；q_t 为第 t 日的灌溉用水量，mm；$\theta_{0.2预}$，$\theta_{0.5预}$ 为敏感土层和根系发育土层平均土壤质量比含水率，%；K_t 为第 t 日土壤水分日消退系数。

2）土壤墒情预测预警　结合墒情监测及墒情预测模型的计算成果，通过设置各个区域墒情预警阈值，当监测值或者预测值超出设置阈值时，系统将对其预警，进而提醒工作人员采取相应措施，提前应对，为农业处置与决策提供了充分的处理时间。

（4）设施蔬菜信息监测与智能化管理系统

基于农情生产管理系统开发的子模块——设施蔬菜信息监测与智能化管理系统流程如图 7.4 所示。

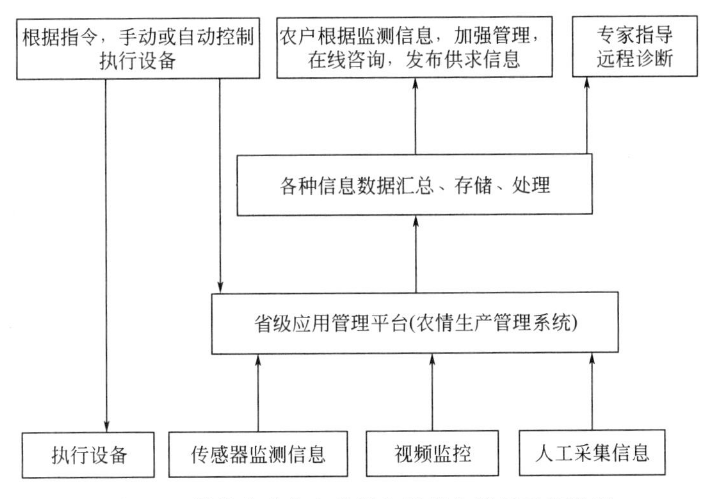

图 7.4　设施蔬菜信息监测与智能化管理系统流程

在大棚蔬菜生产过程中，农情生产管理系统通过传感器、视频监控设备自动获取棚内蔬菜生长信息、环境信息与视频图像信息，并将该信息通过移动网络自动上传到省级应用管理平台。将人工实地采集的作物长势长相和生产管理信息，汇总后定期通过移动通信网或互联网上传到省级应用管理平台。平台对信息汇总、存储、处理完毕后，发出预警或控制指令，自动或提示人工手动控制棚内相关执行设备，进而调节棚内蔬菜生长环境。此外，各级农业部门专家均可通过平台查阅的辖区信息，在线对农民进行技术指导，在线远程对病虫害进行诊断；农民也可以在线咨询农技问题，在线发布产品销售等信息。

（5）食用菌信息监测与智能化管理系统

基于农情及生产管理系统开发的子模块——食用菌信息监测与智能化管理系统可以监测食用菌的实时环境数据，具体包括温度、光照度、CO_2 浓度、氧气浓度、食用菌生长、

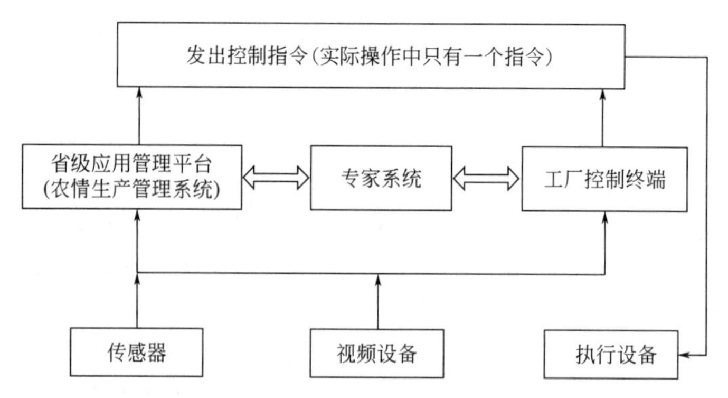

图 7.5　食用菌信息监测与智能化管理系统业务流程

空气湿度等数据、图像信息等。食用菌信息监测与智能化管理系统业务流程如图 7.5 所示。

在食用菌工厂化生产过程中，农情及生产管理系统通过传感器、视频等设备自动获取食用菌生产车间的环境信息和视频图像信息。获取信息通过移动通信网或互联网自动上传到省级应用管理平台和工厂控制终端；平台或控制终端在对接收信息汇总、存储、处理的基础上，依据专家系统自动控制相关设备的开启、关闭，以保证食用菌生产始终处于最佳环境中。

(6) 现代果园生产信息监测与智能化管理系统模块

基于农情生产管理系统开发的子模块——现代果园生产信息监测与智能化管理系统，可以对果品生产流程进行控制和管理。该系统可将采集到的传感器信息进行汇总，进而及时了解果品生产情况，并依据预设阈值实现灾害预警、水肥一体化控制，进而指导果品精准化生产。现代果园生产信息监测与智能化管理系统业务流程如图 7.6 所示。

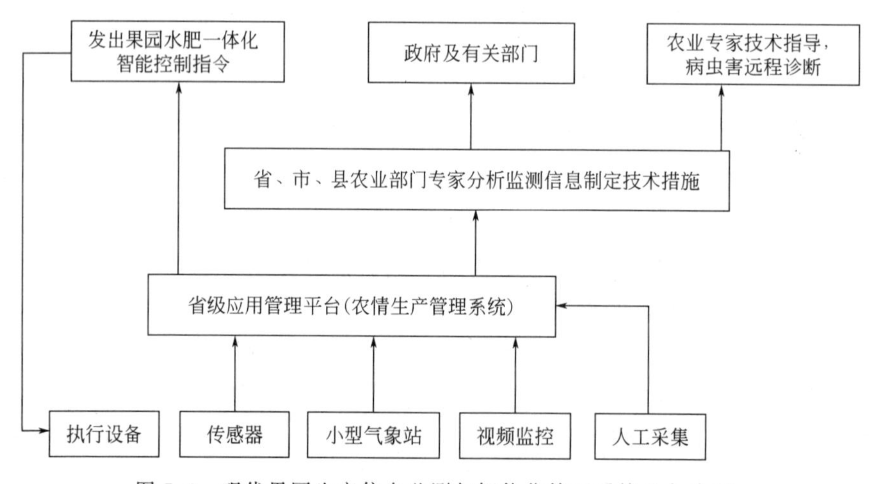

图 7.6　现代果园生产信息监测与智能化管理系统业务流程

在现代化果园果品生产过程中，系统将通过传感器、小型气象站、视频监控等设备自动获取果品生产环境信息和视频图像信息，通过人工采集果品长势长相和生产管理信息。这两种方式采集的信息依托移动通信网或互联网自动（或手动）上传到省应用管理平台。平台收到信息后将对接收的信息数据进行汇总、存储、处理。平台依据监测信息，一方面可对气象灾害进行预警，并控制果园水肥一体化发系统发出动作指令；另一方面，农业专家与农民可在线互动，可在线对农民提供技术指导、病虫害远程诊断等咨询服务。

7.4　农业物联网应用子系统——测土配方施肥系统

基于农业物联网应用系统技术开发的测土配方施肥系统可以调节和解决作物需肥与土壤供肥之间矛盾。该系统依托 Supermap GIS 技术建立，以土壤监测和田间试验为基础，通过对全省或特定区域土壤分布、土壤养分监测、大田肥效试验、作物需肥量等数据进行收集、存储、处理、分析，并根据作物需肥规律、土壤供肥性能，建立起配方施肥智能决策系统。在施用有机肥的基础上，其他肥料的氮、磷、钾的量、粒径和时间要保证施肥合理。农民依靠该系统可以获得科学的施肥方案，有效减少盲目施肥所带来的肥料浪费和土壤污染等不良后果。

(1) 施肥模型

基于 SuperMap GIS 建立的施肥模型是测土施肥系统的一个核心和基础，施肥功能有区域施肥和精准施肥两方面，所以施肥模型也从两方面来构建。

1) 区域施肥模型　区域施肥采用的方法是专家在大量实验的基础上，给出不同作物在不同土壤肥力等级（“丰富”“中等”“缺乏”等）下的需肥量，进而建立区域施肥模型，并结合当地具体的作物生长需肥情况确定基追肥比例。最终给出耕地区域等级划分情况表以及对应施肥量表。具体如表 7.1、表 7.2 所示。

表 7.1　耕地区域等级划分情况表

养分	丰富	较丰	中等	缺乏	极缺
有机质/(g/kg)	≥20	15～20	10～15	5～10	<5
全氮/(g/kg)	≥2	1.5～2	1～1.5	0.75～1	<0.75
有效磷/(mg/kg)	≥40	20～40	10～20	5～10	<5
速效钾/(mg/kg)	≥200	150～200	100～150	50～100	<50
有效硼/(mg/kg)	≥2	1～2	0.5～1	0.25～0.5	<0.25
有效锌/(mg/kg)	≥5	2～5	1～2	0.5～1	<0.5

表 7.2　施肥量值表

作物	氮(N)/(kg/亩)			磷(P_2O_5)/(kg/亩)			钾(K20)/(kg/亩)		
	缺乏	中等	丰富	缺乏	中等	丰富	缺乏	中等	丰富
棉花	20	18	15	8.3	7.3	5.5	14	12.5	8.5
小麦	15	13	11	5.5	4.5	3.5	8	6	4
油菜	17	15	13	5.5	4.5	3.5	8	6	4

这样，在 GIS 中具体实现区域施肥就可以先结合土壤养分数据，在耕地信息管理的基础上以相同肥力水平的耕地形成施肥单元，图中每一个施肥单元对应现实中一片区域，利用

空间插值、以点代面的方法确定具体施肥单元的养分水平，根据区域施肥模型，结合当地施肥具体情况，可得到该单元需肥量和基追肥施用比例。

2）精准施肥模型　精准施肥是精准农业技术的核心内容，系统精准施肥模型采用养分平衡法实现。

根据农田监测数据，以及专家实践数据，施肥量是将作物产量需要的施肥量减去土壤养分摄入量后的土壤养分量，除以季节肥料利用率。土壤有效养分校正系数法是通过测定土壤有效养分含量来计算施肥量。其计算公式为：

$$W=\frac{W_y\times 目标产量-0.15k_{soil}T_s}{W_f k_{ker}}$$

式中，W 为需要的施肥量，kg/亩；W_y 为作物目标产量需要的养分量，kg/亩；k_{soil} 为土壤有效养分利用率，%；T_s 为土壤养分测定值，mg/kg；W_f 为肥料的有效养分含量，mg/kg；k_{ker} 为肥料养分利用率，%；0.15 为土壤养分测定值换算为 kg/亩的平均乘数，这里每亩 20cm 耕层按 150000kg 土壤计算。

养分平衡法中相关关参数的计算和确定：

① 本系统施肥模型中目标产量采用平均单产法来确定。就是利用当前施肥区前 3 年平均单产和产量年递增率来确定目标产量，其计算公式是：

$$目标产量(kg/亩)=(1+增长率)\times 前\ 3\ 年平均单产(kg/亩)$$

一般粮食作物的增长率为 10%～15%左右。

② 本系统施肥模型中作物目标产量需要的养分量 W_y，是通过对正常农作物养分的分析，测定各种作物百公斤经济产量所需养分量，乘以目标产量即可获得作物目标产量下需要的养分量。

$$W_y(kg)=目标产量(kg)\times[百公斤产量所需养分量(kg)/100]$$

③ 精准施肥模型中土壤供肥量是通过土壤的有效养分校正系数来估算的，具体做法是将土壤有效养分测定值乘一个校正系数，以表达土壤“真实”供肥量。该系数称为土壤有效养分校正系数。

$$土壤有效养分校正系数(\%)=\frac{该区作物地上部分吸收该元素量(kg/亩)}{[该地这种元素土壤测定值(mg/kg)\times 0.15]}$$

④ 系统施肥模型中肥料利用率一般通过差减法来计算，利用该地区施肥情况下作物吸收的养分量减去该地区不施情况下农作物吸收的养分量，其差值视为肥料供应的养分量，再除以所施肥料总养分量就是肥料利用率。

$$肥料利用率=\frac{[该区施肥下作物吸收养分量(kg/亩)-该区不施肥下农作物吸收养分量(kg/亩)]}{[肥料施用总量(kg/亩)\times 肥料中养分含量(\%)]}\times 100\%$$

⑤ 肥料等营养素的参数，这个参数比较容易获得。化肥产品的标准规格就是肥料的有效营养成分。

（2）测土配方施肥系统功能设计

根据测土配方施肥系统功能和内部逻辑的需要，本系统开发了土壤养分查询、养分评价、推荐施肥、综合施肥方案、模型库管理五个模块。

1）土壤养分查询　测土配方施肥系统具有养分查询功能，主要包括图查属性与属性查图两部分。图查属性的功能是通过点击或框选图上对象，以属性表的形式显示选中对象的属性，并在图上高亮显示选中的对象。属性查图的功能是通过输入关键字查询得到结果，以属性表的形式显示选中对象的属性，并在地图上高亮显示对象。

2）养分评价　测土配方施肥系统具有养分评价模块，通过土壤采集到数据以及土壤养分评价标准，设置区域土壤养分等级阈值，判定查询区域的土壤养分等级。测土配方施肥系统中土壤养分等级评价计算界面如图 7.7 所示。

	单位	养分测量值	
有机质	g/kg	*	选择作物种植地：果树 ▼
碱解氮（N）	mg/kg	*	
有效磷（P）	mg/kg	*	
速效钾（K）	mg/kg	*	* 代表必填项目

计算　养分等级：

图 7.7　土壤养分等级评价计算界面

3）推荐施肥　推荐施肥功能模块根据养分评价、施肥模型，结合土壤实时监测信息，得到查询地区的推荐施肥结果，如图 7.8 所示。

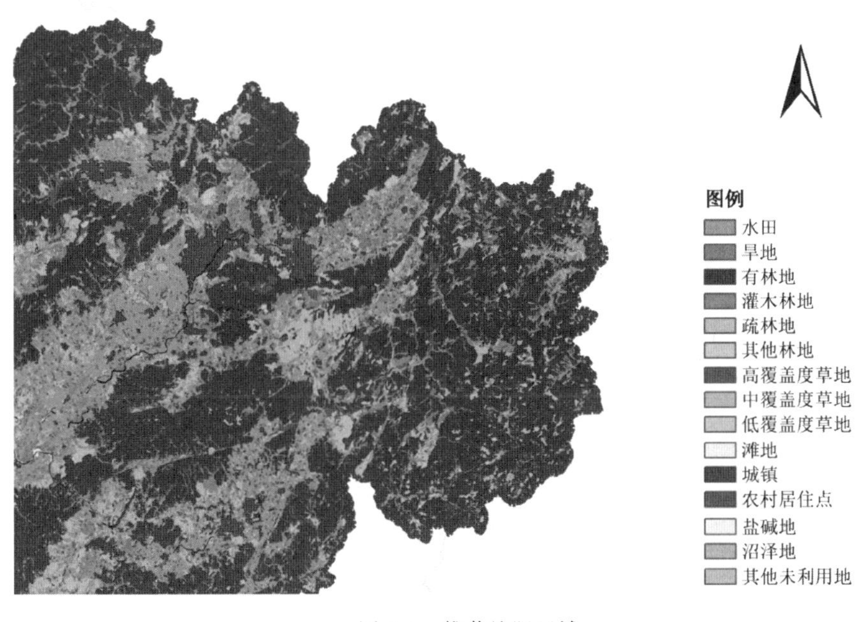

图 7.8　推荐施肥区域

4）综合施肥方案　综合施肥方案功能模块根据养分评价、推荐施肥等模型，以专题图的形式展示区域内所有地块的养分评价情况和推荐施肥情况。

5）模型库管理　模型库中有不同性质、影响因素、土壤科学、植物营养知识和经验的专家模型，每个模型都存储在数据库中。调用相关的数据和参数，动态返回数据库的结果和系统函数的参数，帮助用户做出正确的选择，数据库和模型资源共享。

测土配方施肥系统开发的模型库管理模块的模型主要有区域施肥模型（养分丰缺指标模型）和精准施肥模型。该系统用以管理模型重要参数、参数设置原则和原理以及评价规则等信息。

第8章

智慧果园应用子系统

智慧果园应用子系统是综合互联网（含移动互联网）、物联网、云计算、大数据、智能应用、空间地理等现代信息技术，为智能节水灌溉和测土配方施肥精准作业提供技术支撑的智慧系统。智慧果园应用子系统将水肥一体化管理设备连接到水利云平台，提供水肥一体化智慧灌溉服务，包括果树种植环境及生长态势实时监测服务、水肥一体化灌溉方案生成及推荐服务、水肥一体化灌溉效益评测服务、水利与农业部门决策支持服务等。

8.1 系统总体构架

（1）建设背景

我国拥有仅占世界32%的耕地面积和仅占世界28%的淡水资源。据2013年统计数据，中国用在农业上的水约为3921.3亿立方米，而农业灌溉用水量约为3520亿立方米，约占全国年度总用水量的57%。每年使用化肥量为5912万吨左右。数据显示中国年化肥用量及农业灌溉用水量均为世界第一。山东省是农业大省，是我国粮食、蔬菜和北方水果的主要产地。根据统计数据，2014年山东全省小麦、玉米种植面积约1亿亩，粮食产量4596.6万吨；蔬菜常年种植面积约3000万亩，蔬菜产量9973.7万吨；水果种植面积约1200万亩，水果产量1665.5万吨。

统计资料显示，1980年以来，山东省化肥用量以年均4.3%的速度增长，目前全省化肥年施用量达1300万吨，而实际利用率仅为30%左右，是发达国家水平的1/2。亩平均化肥用量27.2kg，比全国平均用量高6kg，比世界平均用量高19.2kg。目前全 省 pH 值小于5.5（pH值低于4.5一般可造成作物减产30%以上）的酸化土壤面积为980多万亩，全省化学农药年使用总量为16万吨，利用率不到30%，比发达国家低20%以上。超量的化肥投入加快了土壤酸化速度，造成土壤养分比例失调，作物发病率升高。农药残留消解在土壤和水中，造成农产品农药残留超标，危及农产品质量安全，损害人体健康。

（2）建设目标

一是减少化肥施用、保护生态环境。从生态环境保护的角度，急需改变“大水大肥”的传统生产方式，采用水肥一体化管理设备实现灌溉施肥的精准化控制，可以满足节水、节肥、减排的生态环境安全要求。

二是提高农作物品质、保障农产品安全。化肥和农药的过量使用会使水果、蔬菜等农作物的生长环境变差，以致影响农作物品质和安全。从农产品安全的角度，急需建设智慧果园应用子系统，指导种植户按照科学合理的灌溉、施肥、用药模式进行作物种植，避免过量施肥，合理使用农药，提高农产品安全水平。

三是降低生产成本、增加农民收入。采用智慧果园应用子系统提供的服务进行精准化作业，能够优化灌溉和施肥模型，生成最佳、最合理的水肥一体化灌溉方案，实现定额灌溉、定量施肥和合理用药，达到节约种植成本和人工投入的功效。据测算，与“大水大肥”传统灌溉施肥生产方式相比，可以大幅降低人工成本，提高劳动效率。

（3）建设内容

系统建设内容主要为以物联网技术、云存储和云计算为基础的智慧灌溉系统，包括智慧灌溉云平台建设、环境监测系统建设、智能远程控制系统建设、专家系统建设和智能灌溉系统建设。

（4）系统框架

智慧果园应用子系统总体架构设计如图 8.1 所示，从下往上包括信息采集层、网络传输

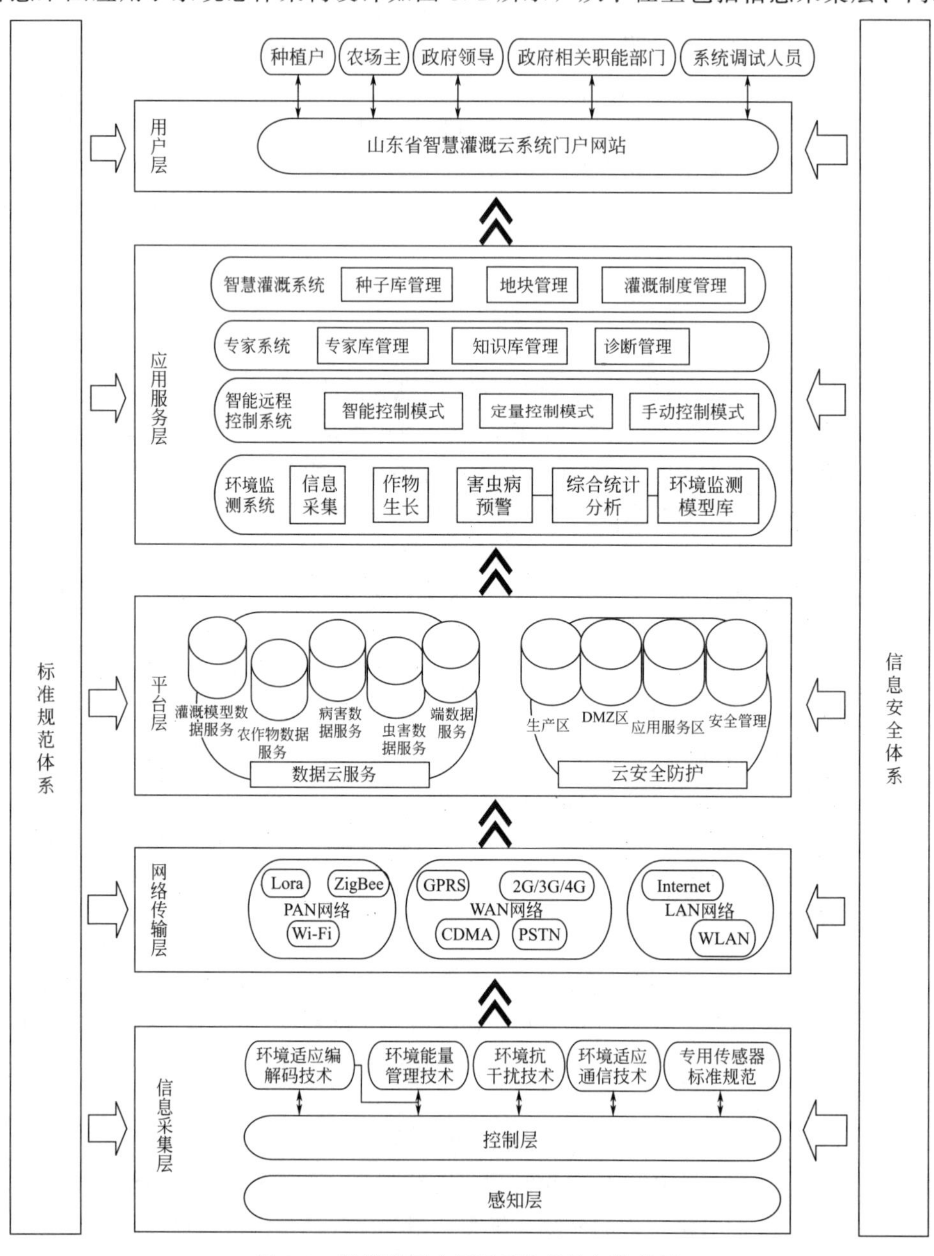

图 8.1　智慧果园应用子系统总体架构设计

层、平台层、应用服务层和用户层。

信息采集层：由采用先进通信技术的控制层、感知层组成，其中感知层由液雨传感器、摄像头、环境温湿度传感器、土壤水分传感器、pH 值传感器、水位传感器、压力传感器等组成。控制层由灌区分控制器、水源地分控制器、水肥一体化控制器、阀门、水泵、红外灯等控制器组成。

网络传输层：包括个人区域局域网（PAN）、局域网（LAN）和广域网（WAN）。PAN 网络由 Lora 无线组网、Wi-Fi 网络等组成，LAN 网络由 Internet、WLAN 网络组成，WAN 网络由 GPRS、2G/3G/4G、CDMA、PSTN 等网络组成。

平台层：由数据云服务、云安全防护、云计算组成。

应用服务层：由环境监测系统、智能远程控制系统、专家系统、模型库管理系统组成。其中环境监测系统包括信息采集、作物生长（成熟度）、病虫害预警、环境监测模型库、综合统计分析等；智能远程控制系统包括智能控制模式、定量控制模式、手动控制模式等；专家系统包括专家库管理、知识库管理、诊断库管理等；智能灌溉系统主要包括种子库管理、地块管理、灌溉制度管理功能组成。

用户层：即门户网站，用户包括种植户、农场主、政府领导、政府相关职能部门、系统调试人员等。

（5）网络拓扑结构

网络拓扑结构如图 8.2 所示。智慧果园应用子系统网络架构主要由三部分组成：一是智慧灌溉终端网络，二是灌溉数据传输网络，三是灌溉云系统网络环境。智慧灌溉终端网络由各类智慧灌溉终端组成，通过灌区控制中心设备对各类监测终端进行组网或通过 Lora 无线自动组网技术实现监测设备之间的数据互联。灌溉数据传输网络由有线、无线两种方式，有线网络包

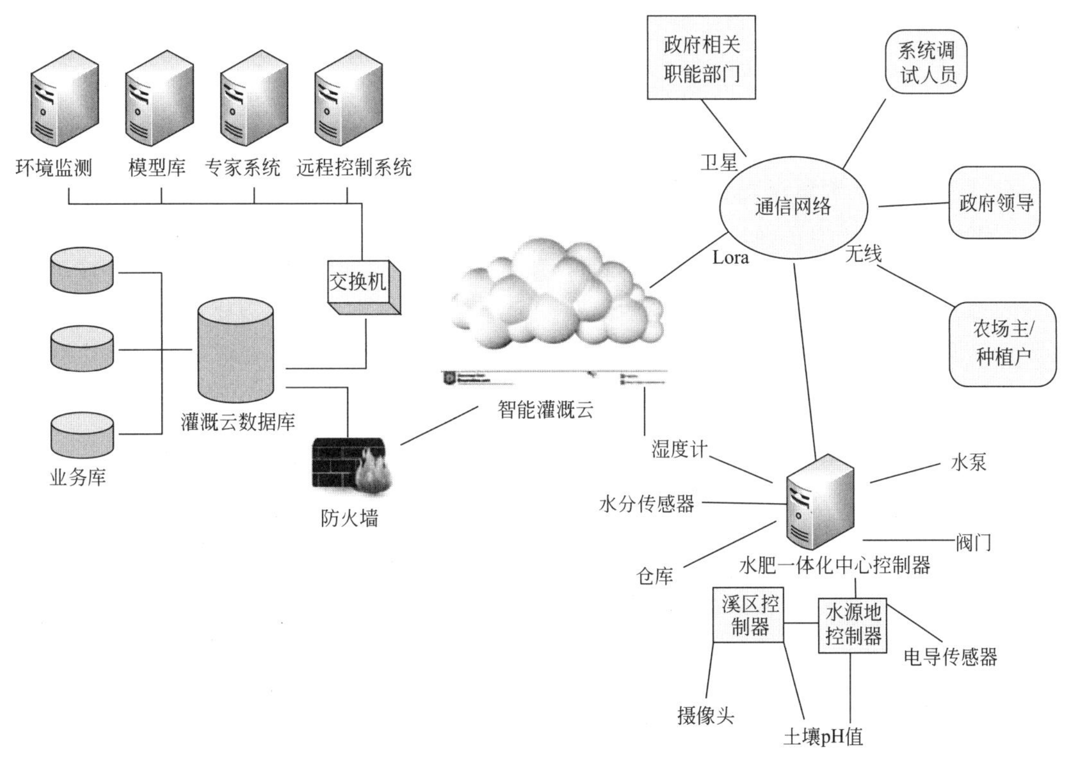

图 8.2 网络拓扑结构

括宽带网、水利骨干网、专线网等，无线网络包括 GPRS、2G/3G/4G、CDMA、WLAN、Wi-Fi 等。灌溉云系统网络环境包括服务器环境、存储环境、安全防护环境等。

8.2 云平台设计

8.2.1 数据云服务

(1) 数据云服务设计思路

数据云服务的设计是根据 SaaS 理念，对用户提供的是“服务即软件”，主要是依靠互联网完成的。在平台所在的服务器上放置主体软件，客户根据实际需求向平台订购获得所需的软件，客户在互联网接受平台服务。云数据服务充当的几种身份包括：协议转换中心、设备注册中心、大数据中心。数据服务分别为个人用户、企业用户、数据服务商提供中间形式的数据接口和服务通道。数据服务形式有：设备注册和数据流注册；云端数据存储和实时数据的汇集和获取；设备发现和设备控制；用户管理和物体识别；自动报警和流量控制；空间分析和定位。

(2) 数据服务的交互设计

数据服务重点考虑对外的交互方式以及功能展现，在数据服务的提供过程中势必会涉及到协议转换、网络互联、吞吐量瓶颈等诸多问题。按照服务的功能不同，可以将数据服务分为数据访问接入服务、资源管理服务、数据提供服务。访问接入服务的功能是直接对外提供 WEB 服务，并解析、校验、转换、响应请求；资源管理服务主要是资源索引的建立、管理资源的存储以及数据的分发和侦听。

1) 资源查询　资源查询是为了让数据接入与资源管理交互，以便准确定位资源所处的位置，从而将数据服务请求准备发给具体的用户，当面对模糊的资源查询时，会生成多个目标同时发送给用户。

2) 资源调度　资源查询通过通道对数据服务发起资源调度请求，通过资源调度服务获取到待请求资源的部署情况。

3) 资源管理　根据资源请求去查询数据服务的位置是一个检索资源属性的过程，所以检索的目的是为了确定目标数据服务的集合。因此，每个数据服务都需要将自己的数据列表以简化的形式发送到资源管理服务上。然后根据属性，资源管理服务能够最快确定应该去向固定的数据服务集合发送资源请求。

(3) 数据访问接入服务

数据访问接入服务的功能是向用户提供统一的资源访问接口，数据访问接入服务由一组服务组成，通过联合资源管理服务和数据服务平台，完成资源的获取、发布、修改和删除。

1) 对外数据服务　数据访问接入服务对外是以前后台通信的方式向用户提供数据服务。该服务可以高并发地接收数据访问请求。

当有对外数据服务发生时，首先分析资源的请求字段，进行必要的格式转换。在资源处理过程中，首先查找资源服务器，然后组装请求包，去向负责资源管理和存储的数据服务系统获取资源。

2) 数据资源调度　为了保证资源调度的正确性，通过定义资源调度的优先级，包括地理空间、设备、数据流、控制流等，分别定义不同资源的调度方法。当得到查询到的资源后，进行资源融合，资源融合的前提是数据为合法数据，因此数据访问接入服务需要对重复数据、异常数据、过时数据等进行筛选，然后按用户指定的数据格式进行封装并返回。

(4) 数据资源管理

数据资源管理是一组提供检索和查询资源的服务，它以树状形式组成，底部是局部的资源管理服务，根部是资源管理的控制服务。当进行资源查询，底部无法满足资源查询需求时，会逐级向上汇报，直到查询到资源信息为止。

资源管理服务的主要任务有两个方面：一是接收各数据服务发布来的资源描述符，并对分布式的数据服务中的资源做集中索引，通过高速缓冲和分布式数据来提升检索速度；二是接收数据访问接入部分的资源查询请求，并快速进行资源查询，并返回真实的资源地址，供数据访问接入服务进行资源的获取。

1）资源收集　资源的收集是由资源管理服务负责的，每隔固定的时间，数据服务中的资源列表都要实时地更新到资源管理服务中。

2）资源检索　资源管理服务需要建立多个检索池，其中基于各类应用系统的检索池可以并发地进行检索。基于属性的倒排索引则是基于全局建立的索引池，当涉及到多属性检索的时候，可以对各属性检索的集合进行集合运算。

3）数据分发和数据侦听　数据分发服务的数据源于局部物联网信息库或是物联网终端设备，数据分发进程的工作优先级较高，它的目的是为了批处理推送上来的数据，通过采用分发池，动态地调整数据分发优化级，提高数据分发的效率，以保证系统在低负荷和高响应之间得到折中。

数据侦听是对设备的事件下发以及数据推送的管理接口，它同时兼具数据分发以及数据收集和控制的功能。

8.2.2　数据服务主要内容

(1) 农作物数据服务

农作物数据服务主要是指作物统筹数据知识及有关农作物信息的数据服务。这些数据包括浇水、病虫害、撒肥料的相关数据以及各基本作物对应的生长特点的信息等。

对于客户来说，农作物数据服务能比较容易地解决用户常见的一般问题。其提供的常识性的信息不仅能够提醒客户平常管理可能遇到的问题，而且能够加强客户对日常作物的认识程度。

除了使用文字表达外，还使用图片进行呈现，使信息更为形象、直观，例如不同生长时期的农作物图片信息、各种常见病虫害的图片信息等。

(2) 病害数据服务

病害数据服务主要是对农作物生长过程中常见病害的描述。主要包括：红粉病、白粉病、根结线虫病、黑星病、花腐病、病毒病、灰霉病、菌核病、枯萎病、叶枯病、疮痂病、蔓枯病、霜霉病、炭疽病、猝倒病、细菌性角斑病、枯萎病、轮斑病、白叶枯病等。这一数据服务可以分为三个子服务：症状数据服务、发生规律数据服务、防治方法数据服务。通过病害数据服务将农业生产过程中最常见的病害的数据信息呈现出来供用户参考。

(3) 虫害数据服务

虫害数据服务的信息主要是对农作物种植中常见的农作物病害产生症状、发生虫害规律、防治治理方法以及识别精准特征等四种情况子数据信息进行表述。每一个子服务都包含虫害的基本数据、信息和特征描述。

(4) 灌溉模型数据服务

灌溉模型数据服务以智慧灌溉系统为基础提供各类灌溉数据服务，包括微灌模型、施肥模型、水肥一体化模型、种子模型、地块等。

(5) 终端设备数据服务

灌溉云系统涉及的终端设备包括环境温湿度传感器、土壤水分传感器、pH 值传感器、水位传感器、摄像头、压力传感器、灌区分控制器、水源地分控制器、水肥一体化控制器、阀门、水泵、红外灯水泵、搅拌机、注肥泵等各类灌溉相关设备。

终端设备的运行数据、工况数据可通过数据服务的形式提供给用户，使用户更加直观地监控和管理灌溉终端设备，如设备基础信息（品牌、型号、出厂日期、序列号、详细参数等），设备启闭情况，供电状态，设备报警状态，网络状态，数据传输情况等。

8.3 环境监测系统

8.3.1 信息采集

信息采集系统以水利物联网终端为核心，通过短距离无线组网/有线传输设备，将现场的各类仪表传感器统一接入物联网管理平台，实现对灌溉与施肥要素信息的采集与上传。信息采集内容包括现场的墒情、压力、流量等传感器信号；对重要部位进行全天候图像监控，接入并上传种植作物的视频图像，并通过图像识别技术对苗情、虫情进行大数据分析。

数据实时监测：主要由气象监测系统、土壤墒情监测系统、土壤养分分析系统、地下水位监测系统、视频监控系统组成。

1）气象监测系统　主要监测空气温度、空气湿度、光照强度、降雨量、风速、风向、二氧化碳浓度等。

2）土壤墒情监测系统　土壤墒情是直接或间接影响植物生长和发育的重要环境因素，同时也是智慧灌溉物联云精确确定灌溉水量和反馈调整灌溉系数的重要参数之一。气孔导通度、水分蒸发、养分输送以及二氧化碳摄入情况等，都和土壤中水分含量的多少有直接的关系，因此，土壤湿度情况的检测是非常有必要的。主要监测内容包括土壤温度、土壤水分、土壤电导率、土壤 pH 值等信息。

3）土壤养分分析系统　探测土壤养分就是分析土壤中植物生长和发育能够利用的营养物质，这种数据能够较好地反映土壤的肥力。土壤营养元素含量高低可以调控作物根系的生长发育。

能够反映土壤肥力大小的土壤速效方面的养分，反映出特定生态下植物在生长土壤养分转化方面的能力以及农民对植物施肥水平以及管理等方面的能力。土壤养分的有效性不仅只对数量的多寡进行定义，还应该包括时间以及空间上的有效性。目前主要监测土壤有机质及土壤供给作物生长的必需营养元素，包括氮（N）、磷（P）、钾（K）等多种元素。

4）地下水位监测系统　主要监测地下水的水位情况，以实时监控水源是否满足灌溉要求。

5）视频监控系统　一是为智慧灌溉物联云系统提供图像信息，通过专家模型的图像分析识别技术，形成作物长势、旱情、苗情信息，进行辅助决策；二是为用户生产调度控制提供现场信息，在调度中心可全面监控设备的仪表盘、指示灯、运行状态变化情况和周边环境，方便用户使用；三是起到一定的安全防范作用，及时发现现场异常人员，保护用户财产。

监测设备安装于指定的监测点，通过点点成片联网，代表了区域当前的实时数据。

数据实时传输：遥测遥感设备通过无线网络将采集到的数据实时传向监控中心，保证了数据的及时性和准确性。

数据自动分析：监控中心系统分析当前农作物的生长情况和需水情况，根据监测现场数据提出水肥一体化灌溉方案。

对于特定的节点，系统能够描绘出短期趋势渐变曲线的系统实时数据，不仅支持分类查看，而且支持检索等。该系统所收藏的历史数据，既能使用绘制曲线进行趋势研究，又便于用户精确地获取传感器数值的变化。

8.3.2　作物生长（成熟度）

系统通过图像识别技术对作物的生长周期进行自动观测识别，并能够分析出作物当前生长期及生长期时间。通过作物的整个生长周期，来分析农业气象因素及土壤湿度因素对各个生长周期的影响。

（1）自动观测地点选择

在作物种植区域，选取能够代表当地一般地形、地势、气候、土壤和产量水平及主要耕作制度的作物自动观测地点，在所选择的观测地点的上方、横向、纵向安装高清图像抓取摄像装置，主要通过俯视图像、横向前图像、纵向前图像三种图像来确认当前的作物生长期。

（2）生育期判断技术

图像摄取装置将所拍摄的作物图像通过传输装置，远程传送给云平台软件系统。系统通过图像识别技术对所传回的作物图像与模型库中的图像进行比对分析。

1）对作物图像中的杂草、树木等背景数据进行自动识别，并过滤掉，只保留作物的图像。

2）通过作物图像，自动识别并判断作物的外部生长参数如叶面积、叶茎数、叶株高、叶面颜色、叶茎形状。

3）自动识别观测区域内所有作物的颜色、粒状大小等参数。

4）自动识别作物形态结构。

根据以上通过图像识别系统所分析出的观测区域内的作物的信息，参照作物生育期标准来判断当前时间作物所处的生育阶段。通过图像识别技术，了解各作物的进程与生长速度等情况，更好地获取各生长期与土壤水分、土壤养分、气候、生长环境之间存在的联系，进而分析与鉴定农作物生长发育需要的土壤水分、土壤养分、环境、气候等条件，更好地进行灌溉、施肥等工作，为高产、优质、高效农业服务。

8.3.3 病虫害预警

农作物出现病虫害，将导致大规模的减质和减产，所造成的经济损失将是不可挽回的。识别病虫害的传统方法主观性强、速度慢、误判率高，难以满足农业生产的需要。智慧果园应用子系统能够将模型库中收集的农作物病虫害图像、病虫害基本信息与采集的作物生长过程中病虫害图像进行对比，通过专家经验等进行分析，把分析结果反馈给种植用户，对农作物的病虫害识别快速、实时、准确，为种植人员提供重要的信息来采取防治病虫害的措施。

8.3.4 数据查询统计

数据查询统计主要统计种植用户作物总面积、灌溉工程总面积、灌溉工程总水量、亩均用水量、氮磷钾施肥总量和亩均量、推荐化肥品种、总重量及亩均重量，并能够以年度、农作物为条件详细查看每年或农作物的详细数据。

年度用水量曲线：以年度或农作物为条件，对亩均灌溉用水量进行分析。能够对比最近五年的灌溉用水量。

年度施肥量对比：以年度或农作物为条件，对亩均氮磷钾施肥量推荐施肥品种和亩均重量进行分析，能够对比最近五年的施肥量。

灌溉方案统计：以行政区划、农作物、年度为条件，统计为种植用户所提供的灌溉方案次数。

环境参数对比：以年度或农作物为条件，对环境参数调节信息进行分析，能够对比最近五年的环境参数。

8.3.5 环境监测模型库

农作物生长过程是一个十分复杂的生理生化过程，影响农作物产量的主要外部因素是水分、大气、养分、温度、空间和光照强度。农作物提高产量的基础是各个因素之间的配合，任一因素的不足或者是过量都会对产量和品质造成影响，要对农作物的生长过程进行过程控制。为此查阅国内外的大量资料，搜集并整理出各种农作物生长过程中的数据，通过数据处理，进行分类加工，存储到环境监测模型库。环境监测模型库主要包括作物生长数据库、作物病虫害数据库。

作物生长数据库主要是搜集不同粮食作物、经济作物等主要农作物的土壤养分信息、土壤类型、喷药信息、种子信息、施肥信息、土壤水分信息、作物产量、作物质量、作物每个生育阶段的灌溉数据和施肥数据、作物各生长期的图片信息等数据。通过作物生长数据库专门针对某个作物形成一整套的田园管理技术，可以实现对农作物的生长过程、生长环境、作物产量进行查询检索。并可以根据一些田园中因素的各种改变，对各项田园管理技术进行精准的调整（如土壤和作物管理），对各项工作进行最大限度的优化，这样就可以得到最大的产量和经济效益，同时更好地保护农业生态系统和土地等农业自然资源。

作物病虫害数据库收集了粮食作物、经济作物等主要农作物的病虫害特征基本信息及各种病虫害特征图片。实现了对农作物主要病虫害的分类展示和主要病虫害综合信息的查询检索，完成了针对经济作物、粮食作物主要病虫害远程辅助诊断和信息查询的网络型知识库的构建，能够为各类用户提供作物主要病虫害的查询和图像对比诊断服务，初步实现了客户端和多角色的系统参与者之间的信息交互。

8.4 智能远程控制系统

智慧果园应用子系统具备三种操作模式：智慧灌溉模式、定量灌溉模式和手动灌溉模式。

1）智慧灌溉　在智慧灌溉模式下，智慧果园应用子系统将用户提供的种植作物信息及种植时间、土壤养分等信息收集到云平台，云平台根据模型库分析生成灌溉方案和水肥一体化方案，参照实时监测的土壤水分和降雨预报对智慧灌溉方案进行调整，并推送至水肥设备和手机端。根据云平台推送的灌溉方案，水肥管理设备自动实现定量灌溉、肥料配比、水肥混合、定量施肥、自动反冲洗等功能，从而达到精准灌溉、科学施肥、提质增效的目标。

2）定量灌溉　在定量灌溉模式下，种植户根据种植经验对云平台推送的灌溉方案中的“灌溉水量”“施肥量”“灌溉时间”等进行调整及确认并下发给水肥一体化设备自动执行，满足用户对灌溉方案微调的使用需求。

3）手动灌溉　在手动灌溉模式下，用户在参照云平台推送的水肥一体化灌溉方案的基础上，通过操作 PC 端或手机中的按钮对设备进行人工操作来进行施肥灌溉。

8.5 专家系统

农业专家系统对农作物的生长习性、生产要求、生产规律以及辅助生产提供详细的帮助。用户在农业生产过程中碰到问题，可以随时访问资料库在线学习，从而解决生产中的难题。

该专家系统不仅能够运用经验知识进行有序的推理，从而匹配相同或相近的问题进行解决，还能够对匹配或推理过程进行解释，自动回到用户的问题。用户不用完全理解高深的知识就能解决实际问题，由此增强用户对专家系统的信心。例如专家系统诊断某种农作物患有青虫，而且必须使用某种杀虫剂治疗，就像专家面对面向农民解释农作物病情并给予防治措施建议一样。

（1）专家系统结构

专家系统的基本结构由三部分组成：专家库管理、知识库管理和诊断管理，如图 8.3 所示。

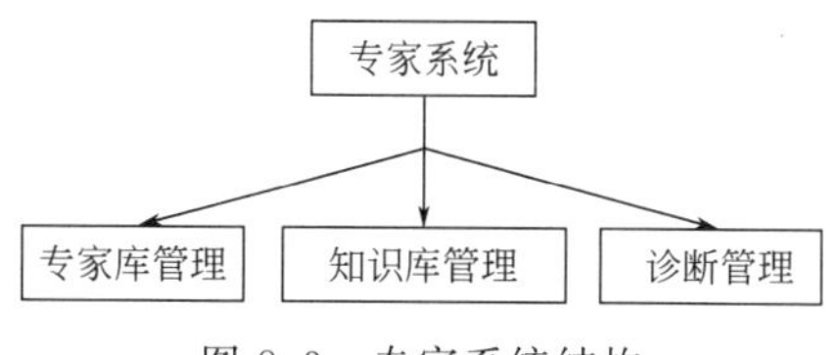

图 8.3　专家系统结构

1）专家库管理　专家库管理主要管理系统录入的农业专家信息，包括专家姓名、从属单位、擅长领域、联系方式等；可快速筛选相关专家，即通过相关农业诊断信息（关键词）筛选出擅长相关领域的专家。

2）知识库管理　知识库管理是用来对所存储的专家的知识进行管理。将从专家那里获取知识并将知识用计算机能理解的形式表示。

3）诊断管理　诊断管理为用户提供作物生长以及病虫害等农业相关问题诊断咨询服务。包括普通诊断咨询、专家会诊、远程诊断等。

(2) 专家诊断流程

专家诊断系统诊断流程如图 8.4 所示。

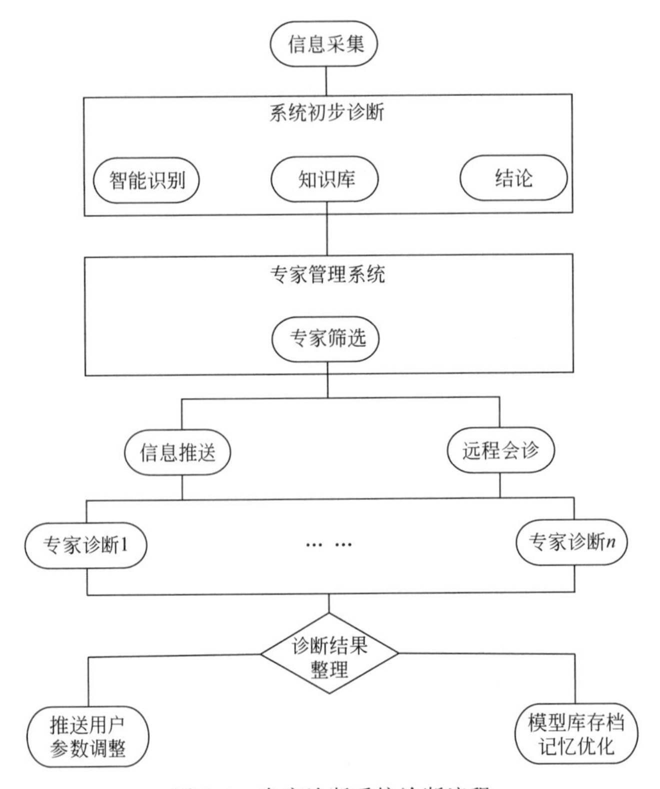

图 8.4　专家诊断系统诊断流程

信息采集系统采集信息后，通过信息智能识别分析，将采集的信息与知识库中相关知识信息进行对比，对问题进行辨别，通过提取关键词的方式做出初步诊断结论。专家管理系统对系统内存储专家进行筛选，并将采集信息发送给筛选出来的专家，对筛选专家发起诊断请求。诊断方式可通过系统默认诊断和专家远程会诊的方式进行，专家诊断结果通过诊断管理系统整理后推送给用户并存入模型库和知识库进行记忆来优化模型库和知识库。

8.6　智能灌溉系统

智能灌溉系统与供水系统配合，实现水肥一体化管理，通过智能化控制管控灌溉时间、施肥多寡以及供水量。监控系统在灌溉区土壤湿度低于设定的下限值时以及土壤湿度和液位接近上限值时，自动进行电磁阀的开启和关闭。不同的时间段，对电磁阀在整个灌区的轮流工作进行调度，对墒情进行自动采集并对灌溉进行自动控制。整个系统极大地提高了灌溉用水效率，节约了水电，降低了劳动强度，减少了人力成本。

智能灌溉系统充分运用物联网技术和大数据云系统优势，通过系统化管理，实现信息数据精准解码，根据农业作物生长管理因素搭建智慧成长型的灌溉模型库，实现自动的水肥一体化管理。系统结构包括种子库管理、地块管理、灌溉制度管理。

（1）种子库管理

针对农作物种子信息开发相应种子库管理系统。系统将收录作物种子相关信息，并将相关信息作为系统数据筛选的重要目标。所管理的信息包括：种子名称、生长特性、适应条件、病虫害信息、适宜的种植条件等。

针对种子信息除对其做正向筛选外，系统还提供种子信息的逆向筛选。通过种子名称可查询相关种子属性信息，也可通过种子属性信息（如适宜种植条件等）逆向查询种子名称。

（2）地块管理

针对作物种植地块开发地块管理功能模块，实现田地的信息管理，包括地块的基本信息管理、土壤属性管理、地形地貌管理、适宜作物信息管理等相关功能。

（3）灌溉制度管理

灌溉制度作为智能灌溉系统的控制核心，主要分为微灌制度、施肥制度、微灌和施肥制度拟合、肥料选择。

1）微灌制度　系统根据作物全生育期需水量与降水量的差值，以及土壤墒情、温度、设施条件和农业技术措施等确定灌溉定额、灌水次数、灌水间隔时间、每次灌水延续时间和灌水定额等。滴灌用水量会比畦灌减少 30%至 40%，比大水漫灌减少 50%以上。

当进行与地面灌不同的滴灌时，滴灌出来的水滴远离滴头刺进土壤，水分除了因重力作用垂直向地下运动，逐步湿润土壤的深处，并且在毛细管张力以及土壤基质张力等综合作用下向四周做水平运动，逐步湿润滴头附近的土壤。如图 8.5 所示，滴灌仅是部分进行湿润土壤，农作物之间的行间距还是保持了干燥状态，该系统将土壤传感器铺设在滴头附近农作物正常生长和发育的作物根系活动层以内，准确测量作物土壤含水量。

如果农作物种植较密，为了达到需求，可以采用线水源滴头，其出水口间隔较小，每个

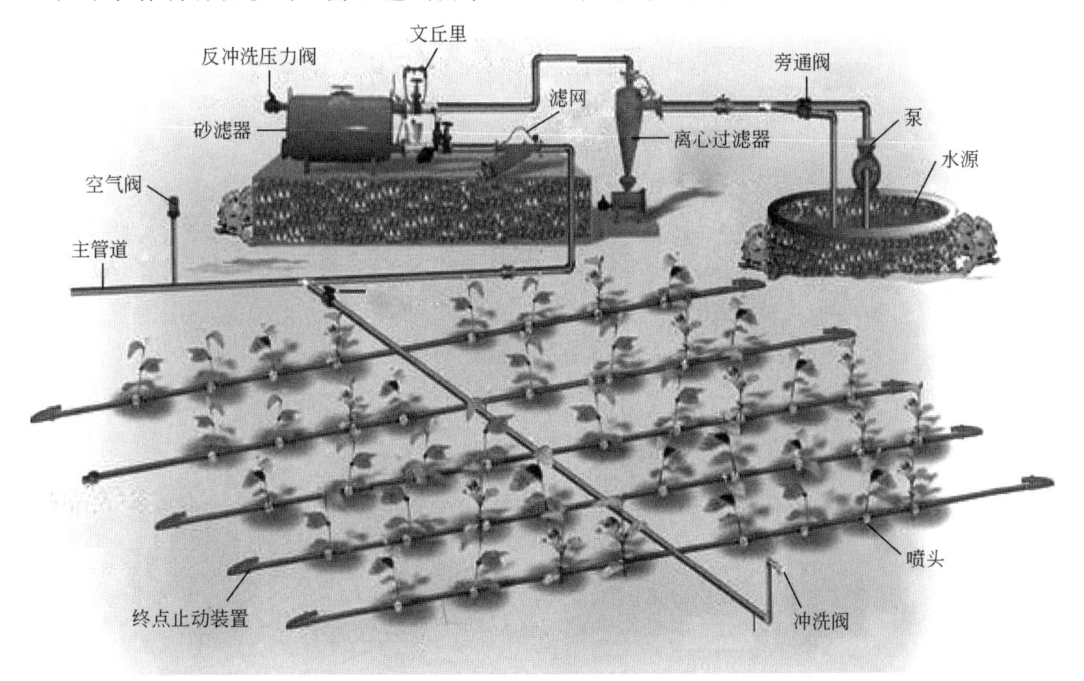

图 8.5　滴灌装置

润湿体连接在一起形成润湿带，农作物就能从这个润湿带里吸收养分和水分。

将土壤湿度长期保持在一定区间，有助于农作物的生长发育。对农作物在不同土壤湿度下的生长情况和收成分析来看，很多蔬菜类型的作物最佳湿度并不是田间最大滴灌区或者附近。实践证明，75％～90％的田间湿度为适宜农作物生长的区间，此范围内的湿度可以使湿润层里的含水量比较适宜农作物生长，对农作物的高产起到促进作用，而且节约了用水。系统综合考虑作物生长水分需求量和土壤含水量确定作物灌溉规则。

2）施肥制度　系统能够根据土壤中养分含量的多少和农作物在整个生长过程所需肥的总量之间的差值来决定实际的施肥量、单次施肥量、施肥的次数以及何时施肥和施何种肥。同时，农作物需肥特性、特定肥料的使用效率、每年的产量、如何施肥等也是形成施肥制度的因素。

第9章

智慧大棚应用子系统

9.1 系统总体设计

智慧温室大棚依托于大数据、云服务、物联网、传感器技术、计算机控制技术、网络技术的长足发展，利用计算机操作温室系统及空气温度、湿度调控结构，搭配卷帘、天窗等设施，自动调节温室大棚光感程度，伴随监控中心与现场作业控制平台通信交流，控制滴灌系统与微喷灌结构来灌溉与施肥，实现农业自动化和种植过程最优化控制，进而提高农产品产量和质量，大幅提升温室大棚生产效率。

9.1.1 需求分析

根据对农业生产的要求，智慧温室大棚建设的功能需求包括：

① 利用物联网技术和信息化软件技术实现智能化和网络化；

② 可实时远程获取智慧大棚里面的土地含水值、温湿度、单位面积光感强度以及 CO_2 等环境参数及视频图像等感知大棚的各项环境指标；

③ 其信息化系统应采用云服务模式，依托云服务中心的种子库、化肥库、农药库、种植专家经验数据库；

④ 可利用云平台模型分析系统搭建最优控制参数及运行方案，结合自动控制湿帘风机、喷淋滴灌、内外遮阳、顶窗侧窗、加温补光等设备，保证温室大棚内最适宜作物生长的环境条件；

⑤ 采用水肥一体化新技术提高肥料利用率；

⑥ 可实现无线通信，向农户的终端设备推送实时监测信息、预警信息、生产方案等。

9.1.2 温室大棚环境参数分析

温室作物的成长由植物本身的基因性质和外界环境所共同决定，外界环境因素包括土地含水值、温湿度、单位面积光感强度以及 CO_2 浓度等。智慧日光温室可以通过许多类型的设备调节内部环境，让日光温室保持适宜作物生长的环境，就可以提高作物产量与经济价值。

（1）温度调节

日光温室内部最关键的环境因素是温度和湿度。温度的高低可以提高或抑制植物的光饱和点与呼吸作用。想要植物产生高的经济效益，就要保持日光温室里是植物的最适宜温度。不同植物所需环境不同，同一植物不同生长期间所需温度也不同。温度的调节过程主要包括加温和降温，制定控制策略时需要考虑它们之间的相互影响。加温方式主要包括光照加热和设备加热（热水采暖、热风采暖和电热采暖）方式。不同的加温方式需要依据温室类型和用途决定。本项目采用电热采暖方式实现加温，采用自然通风、风机通风、内外遮阳、湿帘调节方式实现降温。

（2）湿度调节

不一样的植物在不同的培育期对水分需求不一样，要合理根据植物自身的基因特性调整土壤湿度与空气湿度。湿度的调节主要包括大棚空气湿度调节和土壤湿度调节，本方案采用喷头雾化进行加湿，采用通风方式进行除湿。土壤湿度的调节主要依靠滴灌方式精确调节作物生长所需要的适宜含水量。

（3）光照调节

单位阳光量过强过弱都会抑制作物成长，所以要保持光强适合植物生长，方法是在过强时候利用遮阳网等设备来遮挡光源，在光照过弱时候提供人工光源，如 LED 灯，防止植物长期处于不适感光条件下。

（4）CO_2 浓度调节

光合作用另一个重要的影响因素是二氧化碳浓度。自然环境中二氧化碳浓度在万分之三上下，低于植物光合作用的 CO_2 浓度（0.1%），需要在特定情况下人工补充 CO_2，但 CO_2 浓度过高也会限制农作物生长。温室大棚生产过程中有很多提高 CO_2 浓度的措施，本方案主要采用 CO_2 发生器提高温室大棚 CO_2 浓度。

日光温室是一个充满复杂变量、非线性、大惯性的环境体系，需考虑各个环境因素的相互作用。因此需要在智慧灌溉云系统中建立大量数据模型，进行模糊分析，形成最优化的大棚调节方案，并通过大棚智能控制实现调节方案的精准执行。

9.1.3 系统架构和工作流程

智慧大棚信息化系统依托智慧灌溉物联云平台，主要结构包括四层，分别是智慧灌溉云平台、智慧大棚云服务软件、智慧大棚智能控制系统和现场仪表及执行机构。

（1）总体架构

1）智慧灌溉云平台　云平台主要是指云数据中心，由基础设施层、数据资源层、平台支撑层和软件服务层组成。

2）智慧大棚云服务软件　该软件以全市的种子库、肥料库、水肥一体化管理专家经验数据库、锋士公司试验数据库为基础，参考当前作物生长环境及生长态势信息，通过模型分析得出作物所处的生长期以及各阶段水分需求、养分需求、光照需求、温湿度需求、水肥耦合参数等数据，形成最佳、最合理的智慧大棚管理方案。

系统可通过互联网将智慧大棚管理方案推送到智慧大棚管理设备，由设备控制各设备自动运行，实现智慧控制；同时通过手机 APP 提供智慧大棚管理方案咨询和推送服务。系统还具备机器学习功能，通过分析现场反馈的产量、质量等信息，对原有专家模型进行持续优化。

3）智慧大棚智能控制系统　智慧大棚智能控制系统以核心控制器为核心，通过短距离无线组网设备，将现场的各类仪表传感器统一接入物联网管理平台，实现对各要素信息的采集、上传及设备控制。

4）现场仪表及执行机构　通过人工采集、自动采集、数据交换等多种方式，初步建成灌溉信息和农情信息采集监测网络。

(2) 环境调节模型分析流程

智慧大棚环境调节模型的分析流程主要包括以下环节：

① 作物信息登记；

② 云系统数学模型分析及优化；

③ 智慧灌溉方案生成；

④ 智慧灌溉方案更新及推送；

⑤ 智慧大棚管理设备自动执行；

⑥ 灌溉方案实施反馈。

(3) 服务申请及模型分析工作流程

在整个系统的工作过程中，现场传感器对大棚内空气温湿度、土壤温湿度、二氧化碳浓度、光照强度、入口压力、用水量、阀门状态、光合有效辐射等参数进行实时采集，汇总至核心控制器，核心控制器根据各类环境参数及智慧灌溉物联云系统推送的智能化管理方案自动控制大棚灌溉阀门、通风风机、内外遮阳、加温补光等设备的运行。

环境参数信息、设备状态信息、农作物生长现场的图像均上传到智慧灌溉云系统，通过现场的操作平台，在屏幕上及时反映数据，可以在智慧灌溉物联云系统平台上获取或通过手机 APP 实时查询。

智慧大棚核心控制器流程见图 9.1。

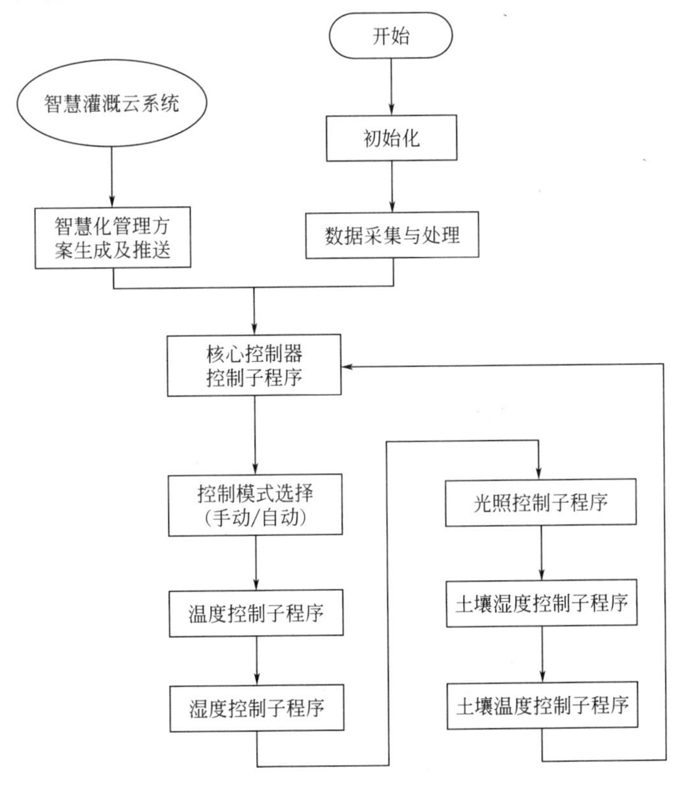

图 9.1　智慧大棚核心控制器流程

9.2 数据资源中心

数据中心作为综合信息化的数据交换平台和服务共享平台，不仅需要建立整个的数据库，把相互统一信息资源的层次体系、统一的数据元素体系与相同的信息编码数据，从数据的规范化定义，保证数据的绝对性、可靠性、完整性、规范性和时效性，实现数据共享共用，从数据层面解决信息孤岛问题。同时，它还是农业业务系统的外部数据来源和服务提供平台。数据经过整合，形成统一标准的基础数据。

以灌溉数据中心各层数据的内容为例，自底向上依次包含了数据源、数据交换、信息共享、应用支撑、数据应用、服务器与存储系统。由于大数据库里面的数据几乎是由网络传播，大体涵盖了过去的数据、实时监测的数据以及图形、电子地图、视频数据，数据量庞大，数据更新速度快。要求必须采用性能优良、稳定的存储技术。数据存储连接的方法有两种：存储区域网络（Storage Area Network，SAN）和网络连接存储（Network Attached Storage，NAS）。其中，SAN 需要配置的设备主要包括：数据服务区（数据库服务器 1 台、物联网服务器 1 台、应用服务器 1 台），数据交换区（采用光纤连于高速数据设备间），数据存储区（包括共享的存储设备和数据安全备份系统的存储设备）。

9.3 支撑软件资源配置

（1）设计方案

依据现有业务应用及数据中心的需求，软件方案包括三部分：数据库管理软件、地理空间信息处理软件、防病毒软件。具体方案如下：

1）二维地理信息系统平台软件 1 套　提供全功能的 GIS 服务、灵活的开发结构和丰富的 SDK，为各种类型的 GIS 应用系统构建与集成提供平台。

2）抵御病毒的软件 1 套　使用卡巴斯基中小企业环境安全的解决方法，卡巴斯基安全工作站提供对木马病毒、间谍系统等不安全因素的防护。

3）数据库管理软件 1 套　支持 ANSI/ISO SQL 2003 标准；支持各个主流厂商的硬件及操作系统平台（Unix，Linux，Windows）。转换平台时，应用程序不用修改；支持主流的网络协议，如 TCP/IP；支持多 CPU SMP 平台，支持基于共享存储的并行集群；支持存储关系型数据和对象型数据；支持同构、异构数据源的访问，包括文件数据源：能和异构数据库互相复制；支持存储过程、触发器；支持 B1 级安全标准，内嵌行级安全功能，支持基于行业标准的数据库存储加密、传输加密及完整性校验。

支持中文国标字符集等多字节字符集，支持 Unicode3.2 以上版本。数据库、表大小等参数可在线设置，支持在线重建索引。内嵌对多媒体数据及地理信息数据的支持。内嵌支持表分区技术，包括范围分区、函数分区、哈希分区、列表分区、组合分区，部分分区离线不能影响其他分区的使用。支持数据库自动实时跟踪、监控，可自动调优性能，并能为管理员提供调优建议。支持不依赖于第三方软件和存储的双机和多机热备。支持大规模数据加载和更新，数据库的数据文件能跨平台互相交换。

（2）应用支撑服务平台设计

地理信息服务是基于二维和三维开发，实现整个 GIS 基础和框架，复合形成了许多的重要技术组件，涵盖了普通的 GIS 操作、特殊图的形成方法、空间里数据文件的操作、初始数据的管理、权限认证、日志管理等。

多维分析服务主要面向用户管理人员进行日常的报表分析。用户可以通过多角度、多层次对同一主题进行分析，更加准确地了解情况，并及时做出分析，制定合理方案进行解决。

综合查询服务提供按关键字进行模糊搜索的功能，关键字包括日期、地域、工程名称等数据项名称以及其他信息分类名称，也可以多个关键字同时查询。

总线服务为信息交换与共享系统提供了通信的基础架构。

消息服务实现信息交换与共享系统中服务之间、信息交换与共享系统和外部系统之间高效可靠的消息传递和数据交流。同时提供消息传递和排队模型，使它可以在较为分散的环境下扩展进程间的通信。

构件库的软件开发采用复用构件库中具有良好可扩展接口的构件，通过组合构件来构造应用软件系统的开发过程。

数据交换与信息共享服务的工作流程主要是根据数据目录，查找所需数据的元数据描述，向数据交换服务发送交换请求，获取数据，根据元数据描述，解析数据，并转化成本系统要求格式。

数据存储管理平台设计中平台数据库统一采用 SQL Server 数据库进行管理和存储，其中基础数据库信息和专业数据库采用两种数据模式。

9.4　通信网络

通信网络主要包括：智慧灌溉云平台与智慧大棚之间的通信网络和智慧大棚内部通信网络。

智慧大棚与灌溉试验站数据中心距离约 300m，具备光缆敷设条件，本方案仪表信息采集采用无线方式进行传输，视频信息采集采用有线传输方式；以工业光纤以太网作为系统骨干网络，以无线 GPRS 网络通信作为分支网络，将所有子系统构成一个多点高度自控的分布式控制系统，实现数据、视频图像的交换处理。

通信网络系统整体结构如图 9.2 所示。

（1）智慧灌溉云平台与智慧大棚之间的通信网络

智慧灌溉云平台与智慧大棚测控系统、智慧大棚核心控制器、视频监控系统进行图像、数据、语音的实时传输。通信带宽要求高，设计采用千兆光纤以太网作为主干通信网络。光纤局域网络带宽要满足大棚监测点信息的传输和视频监控图像信息的传输要求 。建设中，光纤与供水管网同沟进行铺设。

智慧灌溉云平台与智慧大棚测控系统间需处理的数据估算如表 9.1 所示。

其中，智慧大棚现场传感器监控点 12 个，监测监控数据按 150 字节/包，气象站监控点 1 个，监测监控数据按 800 字节/包，监控点数据实时传输每间隔 1 秒所有监测监控数据刷新 1 次，计算带宽为：

$$(150\times8\text{bps})\times12(\text{个})+(800\times8\text{bps})\times1(\text{个})=20.8\text{kbps}\approx0.02\text{Mbps}$$

传输一路高质量的视频信息，传输速率要求为 2Mbps。大棚内共安装 4 络网络摄像机，总带宽为：2Mbps×4＝8（Mbps）。

在智慧大棚内安装汇聚层交换机 1 台，为智慧大棚内的核心交换设备，此交换机采用千兆单模光模块接口，整网出口设备使用防火墙，保护内网服务器安全。

网络管理有两种方式，一种是带内管理，主要是基于 IP 的某种应用，通用的有 Telnet/Snmp/Snmp v2；另外一种叫做带外管理，主要用于修正错误，其网络标准协议采用 TCP/IP 协议。

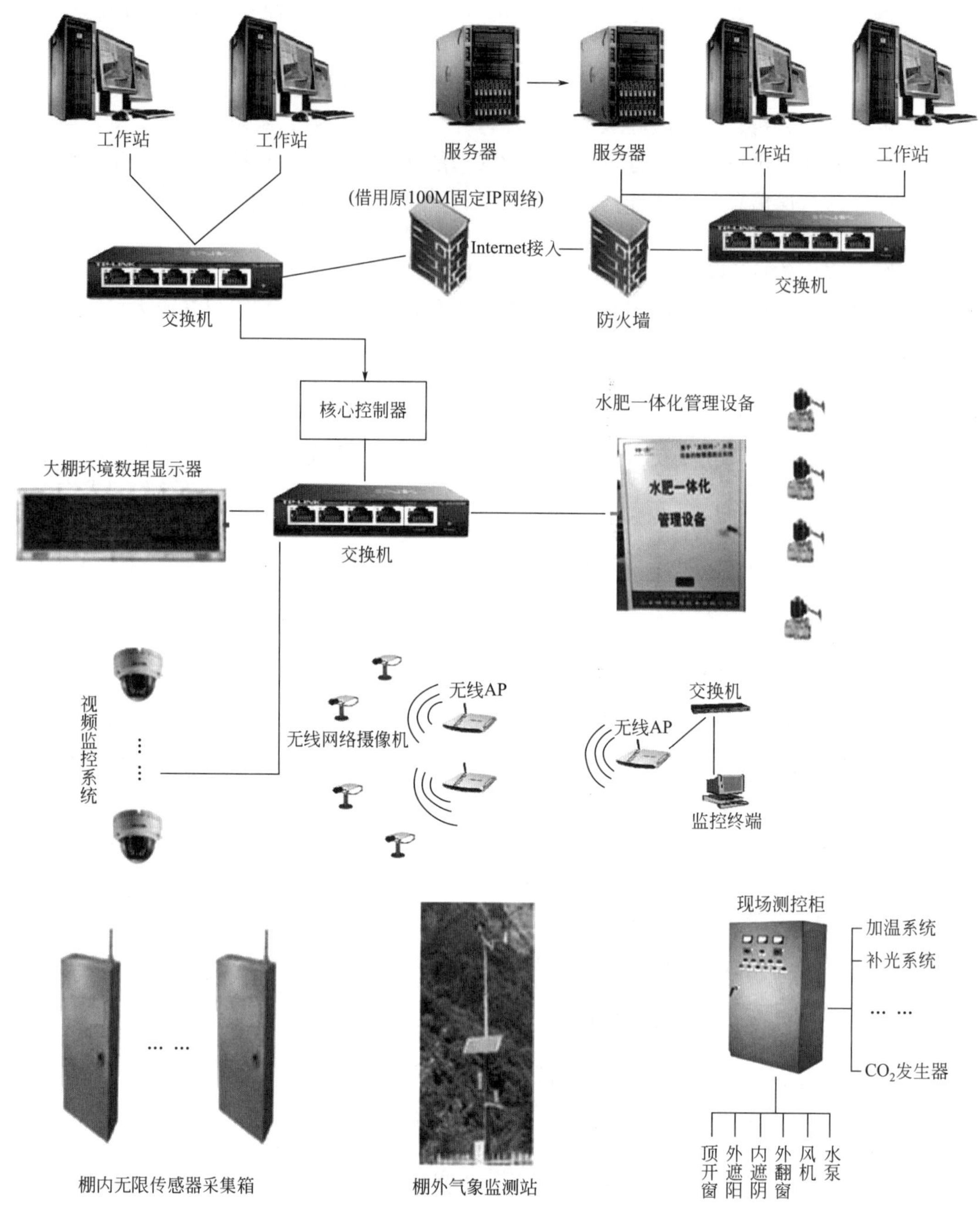

图 9.2　通信网络系统整体结构

表 9.1　数据估算表

序号	分项	信息量/Mbps
1	监测监控数据信息量估算	0.02
2	视频图像数据	8
3	总计	8.02

(2) 智慧大棚内部通信网络

智慧大棚内部各测控点均匀分布在现场 2 个地块内，且数量较多，数据量小，宜采用无线通信方式。设计选择 GPRS 无线网络数传模块，具有网络覆盖范围大、稳定、可靠等优点。

根据以上分析，计利用智慧灌溉云平台的宽带网络可实现智慧灌溉云系统联网和用户远程登录访问。智慧灌溉云平台与智慧大棚之间通过光纤以及交换机等设备，建设内部千兆光纤宽带网络，用于承载两者之间的视频、数据传输。大棚内部灌溉地块测控站点、气象监测站点通过 GPRS 无线网络通信。

9.5 信息化软件

(1) 工程基础信息

监测过程中需采集的基础信息包括：

1）灌溉区域信息　主要包括灌溉区域编号、灌溉区域名称、灌溉区域位置、灌溉区域面积、土壤类型、灌溉模式、土壤有机质、碱解氮、有效磷、速效钾、pH 值等内容。

2）地块信息　主要包括地块名称、地块面积、地块位置、管道流速、喷头数据、喷头流速等内容。

3）水源信息　主要包括水源工程名称、所属灌溉区域、水源工程类型、水源类型，实现对水源信息的维护及查询。

4）墒情监测站　主要包括墒情监测点名称、建成日期、土壤质地、测点布设、监测频次、监测深度、饱和含水量、田间含水量、凋萎含水量以及多媒体信息，实现对墒情基本信息的维护及查询。

5）气象监测站　主要包括气象监测点名称、建成日期、气候类型区、年均降雨量以及多媒体信息。

6）视频监控站　主要包括监测点名称、建成日期、视频类型区等。

(2) 作物信息

监测过程中需采集的作物信息包括：

1）农作物信息　主要包括作物名称、作物类型、作物编码、当前单价、作物产量、历史最高产量、面积等信息。实现对农作物基本信息的维护及查询。

2）作物生育信息　包括农作物名称、生育阶段、生育期时间起、生育期时间止、适宜土壤含水量起、适宜土壤含水量止。

3）作物水分信息　主要包括农作物名称、作物水分状态、土壤含水量起、土壤含水量止，实现对农作物水分信息的维护及查询。

4）作物环境信息　主要包括农作物名称、作物生育期、适宜温度、温度上限、温度下限、适宜湿度、湿度上限、湿度下限、适宜光照强度、光照强度上限、光照强度下限、适宜 CO_2 浓度、CO_2 浓度上限、CO_2 浓度下限。

5）作物信息登记　对作物每季种植或收获后，进行信息登记，获取最适宜的灌溉施肥制度，主要包括当前作物的灌溉区域、当前作物、作物种类、作物品种、种植时间等内容。

(3) 运行信息

系统工作过程中，需要掌握的数据信息可通过查询的数据类型来实现，数据类型主要包括：

1）墒情数据查询　墒情实时监测点的监测量包括10cm含水量、20cm含水量、40cm含水量、垂直平均含水量、作物水分状态等信息。各监测点实时数据通过列表进行展示，并可通过曲线图的方式显示本日监测量过程线，以及该监测点详细信息。

2）大棚环境数据查询　主要涵盖了日光温室的温湿度、单位光强、二氧化碳浓度，各监测点实时数据通过列表进行展示、并可通过曲线图的方式显示本日监测量过程线以及该监测点详细信息。

3）气象数据查询　气象实时监测点的监测量包括降雨量、降雨历时、温度、湿度、风向、风速、大气，实时数据通过列表进行展示，通过曲线图的方式显示本日监测量过程线以及该监测点详细信息。

4）气象预报查询　通过中央气象网的天气接口，实时显示灌溉区域内未来七天的天气情况，主要包括行政区划、数据时间、预报天数、天气状态、温度（最高和最低）、降水量、风力风向，通过曲线图的方式显示未来七天的预报信息。

5）视频监控信息　能够接入所有工程重要部位的视频监控信息，包括水源泵房、水肥一体化管理房、信息中心、灌溉设施。

（4）模型基础信息

模型基础信息主要包括：

1）种子信息库　记录所有作物种子信息、每种作物的生长期、生长阶段及适宜相对含水量。

2）化肥信息库　包括产品名称、生产厂家、产品用途、产品重量、价格、肥料类型、水溶性、质量标准等信息。

3）肥料参数信息　记录肥料的类型、养分含量、分子式、pH值。

4）灌溉设施信息库　记录所有灌溉机械设施。

9.6 大数据模型分析

模型管理主要是以各类数据库，如种植、基因、实验、生产的数据库，结合采集到的生长环境、生长态势等实时数据信息，通过复杂的模型计算分析形成最佳、最合理的水肥一体化灌溉方案。模型结构如图9.3所示。

（1）灌溉模型

1）灌溉模型确认　在实际生产中，实际灌溉时间和灌水量可以根据天气（降雨情况）、土壤墒情监测值和作物生长状况进行自动调整。

2）模型示意图　选定区域作物类型，收集整理该作物在该地区的生长信息，针对作物生长信息划定作物生长阶段以及各阶段所需的土壤适宜含水量，按照边界控制原理以及这部分信息制定灌溉限定条件以及灌溉定额，结合反馈土壤墒情和气象信息等信息自动判定是否满足灌溉条件，若达到则按照要求自动灌溉。灌溉模型如图9.4所示。

3）模型公式　灌水定额分配原理如图9.5所示。

① 确定灌溉定额　$W_{总}=P_{W}-R_{W}$

式中，$W_{总}$为灌溉定额，mm；P_{W}为作物全生育期需水量，mm；R_{W}为作物全生育期常年降水量，mm。

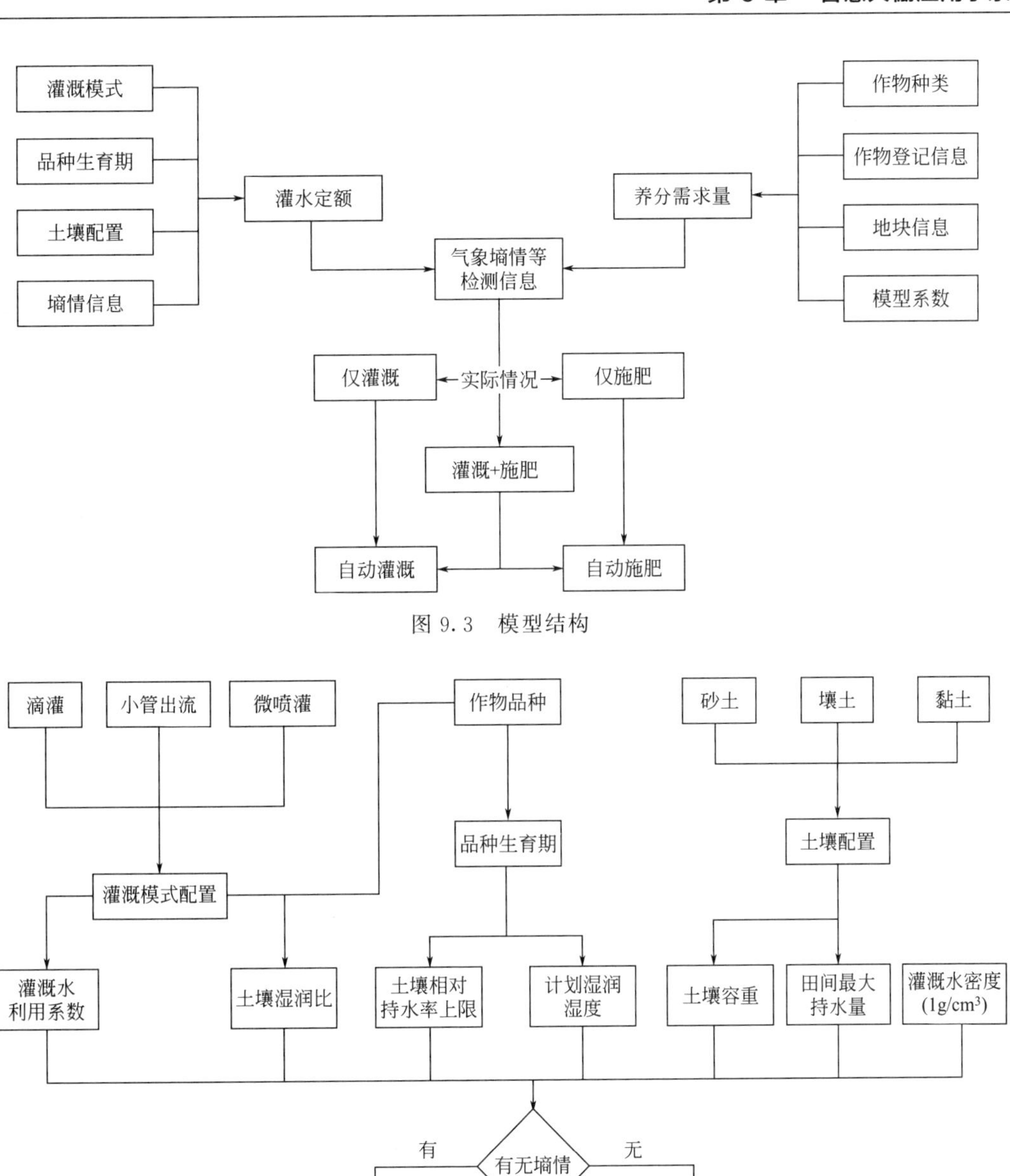

图 9.3　模型结构

图 9.4　灌溉模型

② 确定灌水定额　　$M=\frac{PH\gamma\ (\theta_{max}-\theta_{min})}{\eta\rho}\times 1000$

式中，M 为灌水定额，mm；P 为土壤湿润比，%；H 为计划湿润层深度，m；γ 为土壤密度，g/cm^3；θ_{max}，θ_{min} 为灌溉上限和下限，%；η 为灌溉水利用系数；ρ 为灌溉水的密度，g/cm^3。

③ 确定灌水时间间隔　　$T=\frac{M}{E}$

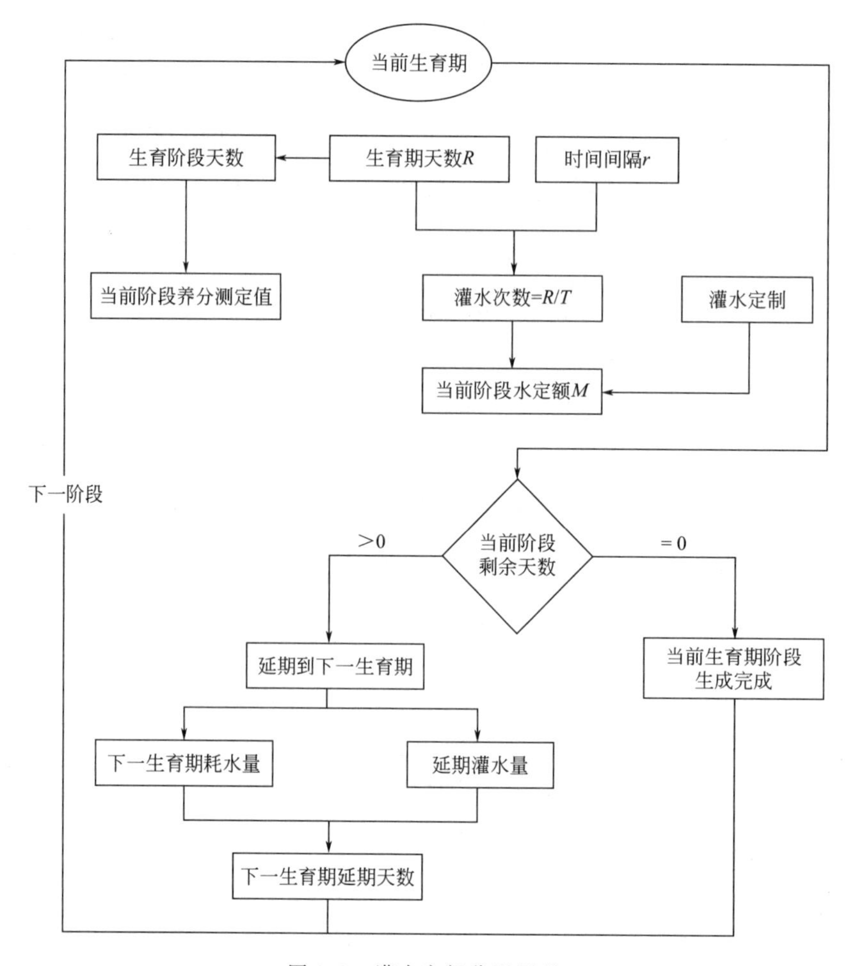

图 9.5　灌水定额分配原理

式中，T 为灌水时间间隔，d；M 为灌水定额，mm；E 为作物日耗水量，mm。

④ 确定一次灌水延续时间　$t=wS_eS_r/q$

式中，t 为一次灌水延续时间，h；w 为灌水定额，mm；S_e 为灌水器间隔，m；S_r 为毛管间距，m；q 为灌水器流量，L/h。

⑤ 生成灌溉方案。

(2) 施肥模型

通过智慧灌溉云平台施肥模型，分析出种植用户所需要的施肥标准数据及推荐化肥品种，记录每次灌溉工程所使用模型的时间、输入参数、输出结果等信息。施肥模型原理见图 9.6。

$$G=fCM/n(\%)-0.15La$$

式中，G 为肥料需求量，g；f 为肥料施吸比；C 为作物单位产量养分吸收量，kg/t；M 为目标产量，kg；n 为肥料中养分含量，g；L 为土壤养分测定值，mg/kg；a 为校正系数。

(3) 水肥耦合模型

水肥耦合模型原理见图 9.7。

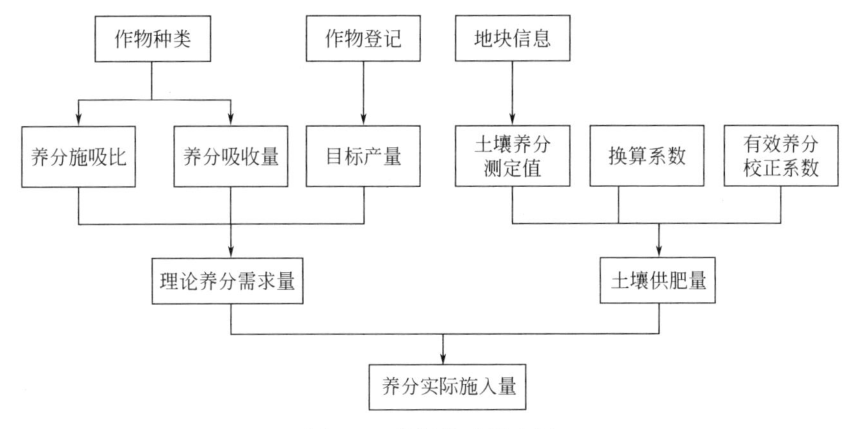

图 9.6　施肥模型原理图

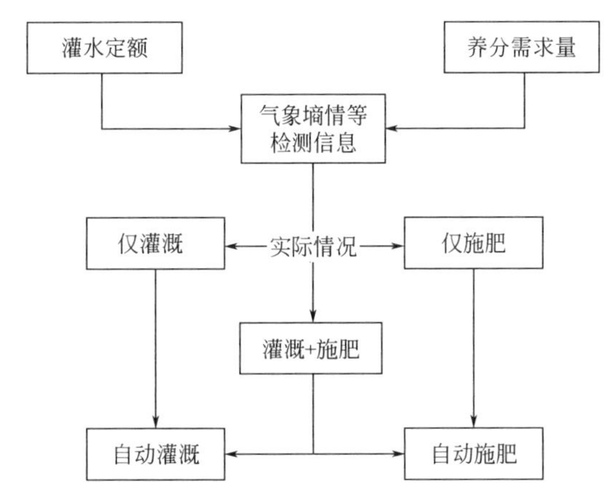

图 9.7　水肥耦合模型原理

$$灌溉定额\ W=(日耗水量\times 生育期天数)/灌溉水利用系数$$

$$时间间隔\ T=W/R(日耗水量)$$

模型优化：通过种植用户收获后种植结果的反馈，根据三年历史资料的对比分析，通过模型算法对系统专家模型和方案进行持续优化和调整。

（4）温度调节模型

根据种植用户所提供的输入参数、实时监测的温室大棚内的温度数据、历史同作物的温度调节数据、作物不同生长发育阶段的适宜温度数据等、由智慧灌溉云平台的温度调节模型实时分析出适宜的温度。

（5）湿度调节模型

根据种植用户提供的输入参数、实时监测的温室大棚内的湿度数据、历史同作物的湿度调节数据、作物不同生长发育阶段的适宜湿度数据，由智慧灌溉云平台的湿度调节模型实时分析出适宜的空气湿度和土壤湿度。根据空气中的适宜湿度，通过通风方式进行除湿。根据土壤中适宜湿度，通过模型分析出滴灌方式下达到适宜土壤湿度需要灌溉的用水量。

（6）光照调节模型

根据光强度需求及智慧灌溉云平台的光照调节模型实时分析出适宜的光照强度。根据光照强度，采用补光灯实现补光，采用内、外遮阳实现遮光。

（7）CO_2 浓度调节模型

根据种植用户提供的输入参数、实时监测的温室大棚内的 CO_2 浓度数据、历史同作物的 CO_2 浓度调节数据、作物不同生长发育阶的适宜 CO_2 浓度数据等，智慧灌溉云平台的 CO_2 浓度调节模型实时分析出适宜的 CO_2 浓度。根据 CO_2 浓度，通过通风和 CO_2 发生器提高温室大棚 CO_2 浓度。

第10章

智慧大田应用子系统

10.1 系统特点

智慧大田运用物联网技术对农田进行产前资源管理，在生产过程中进行大田及环境农情监测和精细农业作业，对农作物进行产后农机指挥调度等。智慧大田农业物联网系统通过采集农作物的各类实时信息，对整个农作物生产过程及收获过程进行准确、及时的监控，以达到优质、高产、高效的农业生产管理效果，保障农产品的数量和质量。

大田农作物主要是指我国的大面积种植作物，如玉米、小麦、水稻等。大田农业体现了农业生产模式的转化——由“小土”变大田，是现代化农业发展的必然趋势。

相对于传统大田，智慧大田的系统更加强大、先进及完善。智慧大田系统能够随着不同的农业生产条件，如土壤类型、灌溉水源、灌溉方式及种植作物等统筹划分区域类型，在不同区域类型中里选取具有典型代表性的地块，对该类地块进行土壤水分含量、地下水位量和降雨量等水文信息的自动采集，并将此类水文信息传输给监测点。通过灌溉预警和信息实时监控两个子系统，得到农作物的最佳灌溉时间和需要灌溉的用水量等，指导农民进行合理的灌溉。智慧大田的迅速发展，为我国农业发展提供一个可靠、实用、全新的平台，有效推动了传统农业的转型。

大田的生产环境复杂、不确定因素多，这就对信息的实时采集、传输、分析提出了更高的要求。随着大田农业规模的不断扩大，利用互联网获取有用信息以及通过在线服务系统进行监测、指导成为了大田物联网的基本要求；计算机控制与管理系统是综合性、多方位的，温室环境监测与自动控制技术将向着多个方面、多个因素发展，形成图片、声音、影视为一体的多媒体服务体系。

伴随着自动控制技术、计算机技术、传感技术的不断发展，大田物联网信息技术逐渐向知识处理和应用转变。人工智能技术在种植业中得到不同程度的应用，例如遗传算法、神经网络、模糊推理等，以专家系统为代表的智能管理系统已取得了不少研究成果，种植业生产管理逐步向定量、客观化方向发展。

大田农业物联网建设存在着很多的困难，比如种植面积广、监控布线难、监测点数目众多、供电困难等。大田农业物联网是农业物联网中重要的一部分，在大田农业中，如何有效利用高精度土壤温湿度传感器以及智能气象站，远程在线实时采集大田环境信息（土壤温度、土壤湿度、气象信息等），实现大田墒情自动预报、灌溉用水量智能决策等。将物联网技术与精耕细作、准确施肥和节水灌溉结合起来，是大田农业整体的发展趋势。

水肥一体化技术是将灌溉与施肥相结合，借助压力系统，将液体或可溶性固体肥料与灌溉水一起，定时、均匀、定量补充供给到作物根系，使作物直接吸收养分的一种新型农业技术，水肥一体化自动灌溉系统具有节水、省肥、环保、节省劳力、提高产量等特点。

节水：系统可分段多次灌溉，减少水分的下渗和蒸发，提高水分利用率。

节肥：实现了合理施肥和准时施肥，可以减少肥料的损失，以及养分充分发挥作用，易于作物吸收，从而提高了肥料的利用率。

环保：系统不仅减少了肥料挥发和流失，还改善了肥料对生态环境的影响。

节省劳力：把灌溉、施肥的人工操作变成了自动化、信息化，可以省时省人工，提供生产效率。

提高产量：系统实现精确灌溉，促进作物产量的提高和作物质量的改善。

10.2 技术路线

（1）J2EE 技术

基于互联网的智慧灌溉物联云系统采用跨平台，开放性、扩展性好，技术成熟的 J2EE 技术。为了从架构上保证系统灵活、高效，并完成负载平衡，以 J2EE 三层架构的国际标准为该系统的基础，同时使用了逻辑层、应用表现层、数据存储分离。项目建设充分考虑对未来系统的扩展性，有可拆开的分布式部署模式。

平台采用 J2EE 技术，基于 B/S 体系架构整个服务平台。基于层次化组件模式的 Java EE 平台已经成为企业级商业分布式网络计算的事实标准。根据本平台的建设目标，采用遵循 Java EE 平台标准的 B/S 方式来构建线上服务平台。

采用 Java EE 平台标准，在系统的设计、开发和实施过程的优点主要有：

前端采用浏览器的形式，相对于传统的 C/S 模式，减少了客户端应用的部署和维护，增强了平台的易用性；在系统实施过程中，由于采用专业化的分工，其中许多工作可以同时进行，提高了开发效率；借鉴 SOA 思想的业务构件化，使得整个系统的框架相对简化了，应用开发人员专注于系统业务逻辑的开发，不必编写访问系统服务的代码；Java EE 标准提供了对众多先进技术的支持，特别是对 XML、CORBA、Web Service 等跨平台技术的良好支持，形成了企业推行 SOA 的技术基础；采用 Java EE 标准的系统具有良好的可重用性、可伸缩性、可扩展性以及易于维护性。

系统运用了在业界已经非常成熟的 B/A/S 架构，同时应用系统也采用三个方面的 MVC 三层架构，分别为持久层、展示层和业务逻辑层。分层有多方面的优点，上层的逻辑不一定对下层非常了解，只需要知道相邻那层的细节；根据层次的严格区分，可以极大降低层间的相似度；每一个层次的下级层都有不同的实现方式。例如，不同的操作系统和机器中都可以运用相同的编程语言。同一个层次可以同时支持不同的上级层。由于标准化的接口，新的功能不断替换原来层次的功能，各个层次都实现特有的功能，更方便每一个层次逻辑的使用，这样可以降低系统的复杂度，逻辑更加清晰。

（2）GIS 技术

GIS 是地理信息系统（Geographic Information System）的简称，是地理决策和地理研究服务的空间信息系统。地理空间数据库是它的基础。GIS 技术采集、管理、储存、分析整体和部分地表、地球的空间和地理分布相关的数据，将地理位置和相关的属性有机地结合在一起，根据用户实际的需要输出图片和文字，用于各种各样的辅助决策。

GIS 采用数据库技术进行信息的组织、存储、处理、分析，广泛应用于工业、农业、水利、交通、运输、环保、水电勘测设计等诸多领域。它呈现的多个信息，都是与空间定位相关的，变化快，层次强，数据形式多样，与集成的决策支持模型结合，实现信息可视化、决策科学化。

（3）工作流技术

工作流的概念是根据在工作中所固定程序的常规活动，将原有的工作活动分解为定义好的角色、任务、过程和规则来实现执行和监控，其目的是提高生产组织水平和工作效率。

工作流技术即将业务应用工作流程中的工作按一定逻辑和规则前后组织在一起，在计算机中以恰当的模型进行表示，并对其实施计算。为实现某一个业务目标，在很多参与者之间，通过使用计算机，按照某种预定规则自动传递文档、任务或信息，这是工作流技术解决的主要问题。

（4）SOA 技术

SOA（Service-Oriented Architecture）是一种面向服务的体系架构，它为构建 IT 组织提供了一种标准和方法，并通过建立可重用、可组合的服务体系来减少 IT 业务冗余，同时加快项目开发的进程。SOA 是一个允许一个企业高效地平衡现有的资源和财产的体系架构，这种体系能使得 IT 部门效率更高、项目分发更快、开发周期更短。

基于面向服务体系结构（SOA），将企业应用中分散的功能组织成为基于标准、松耦合、可互操作的业务服务，并把这些服务提供给上层业务系统，各业务系统将开放的业务操作封装后提供服务，是应用系统整合的支撑基础。实现以 Web 服务交互的方式，更好地整合各个业务数据，并且使得业务系统或应用程序能够更方便地互相通信和共享数据。同时这些服务可以很容易地在企业范围被共享、重用和组合，从而快速地满足业务需求。

（5）XML 技术

XML(eXtensible Markup Language）是由 W3C 组织制定的一种通用语言规范，是 SGML 的简化子集，专门为 Web 应用程序而设计。XML 作为一种可扩展性标记语言，其自描述性使其非常适用于不同应用间的数据交换，而且这种交换不以预先规定一组数据结构定义为前提。XML 最大的优点是它对数据的描述和数据传送能力，因此具备很强的开放性。为了使基于 XML 的业务数据交换成为可能，就必须实现数据库的 XML 数据存取，并且将 XML 数据同应用程序集成，进而使之同现有的业务规则相结合。开发基于 XML 的动态应用，如动态信息展示、动态数据交换等。

本系统全面遵循 XML 标准。XML 数据标准的推出，增强了系统之间、应用系统之间的数据交换功能，也大大增强了系统之间的集成度。以 XML 标准描述数据格式，能促进多种数据格式支持、内容共享、内容的再利用以及增强客户对服务的满意度。

使用 XML 作为数据交换的格式。XML 提供描述不同类型数据的标准格式，并且可统一而正确地解码、管理和显示信息。XML 一开始就建构在 Unicode（统一码）之上，提供了对多语种的支持，具有世界通用性。由于采用 XML 技术，本系统的稿件内容描述标准化，跨平台、跨应用系统的信息交换更加流畅和便捷，能提供更丰富的资源信息发布，包含多种格式，文、图、音、像、视信息能得以灵活的展现，提供更周到的服务。

使用 XML 的优点是：

1）更有意义的搜索　数据可被 XML 唯一的标识。没有 XML，搜索软件必须了解每个数据库是如何构建的。这实际上是不可能的，因为每个数据库描述数据都是不同的。有了 XML，搜索就变得十分方便。

2）开发灵活的 Web 应用软件　数据一旦建立，XML 能被发送到其他应用软件、对象或者中间层服务器做进一步处理，还可以发送到桌面用浏览器浏览。XML和HTML、脚本等一起为灵活的三层Web应用软件的开发提供了所需的技术。

3）不同来源数据的集成　搜索不兼容的数据库实际上是不可能的。XML能够使不同来源的结构化数据很容易地结合在一起。可以在中间层的服务器上对从后端数据库和其他应用处来的数据进行集成。然后，数据就能被发送到客户或其他服务器做进一步的集合、处理和分发。

4）多种应用得到的数据　XML的扩展性和灵活性允许它描述不同种类应用软件中的数据，从描述搜集的Web页到数据记录。同时，由于基于XML的数据是自我描述的，数据不需要有内部描述就能被交换和处理。

5）本地计算和处理　XML格式的数据发送给客户后，客户可以用应用软件解析数据并对数据进行编辑和处理。使用者可以用不同的方法处理数据，而不仅仅是显示它。XML文档对象模式（DOM）允许用脚本或其他编程语言处理数据。数据计算不需要回到服务器就能进行。分离使用者观看数据的界面，使用简单灵活开放的格式，可以给Web创建功能强大的应用软件，这些软件原来只能建立在高端数据库上。

6）数据的多样显示　数据发到桌面后，能够用多种方式显示。通过以简单开放扩展的方式描述结果化的数据，XML补充了HTML来描述使用者界面。HTML描述数据的外观，而XML描述数据本身。由于数据显示与内容分开，XML定义的数据允许指定不同的显示方式，使数据更合理地表现出来。本地的数据能够以客户配置、用户选择或其他标准决定的方式动态地表现出来。CSS和XSL为数据的显示提供了公布的机制。

7）粒状地更新　通过XML，数据可以粒状地更新。每当一部分数据变化后，不需要重发整个结构化的数据。变化的元素必须从服务器发送给客户，变化的数据不需要刷新整个使用者的界面就能够显示出来。只要一条数据变化了，整一页都必须重建，这会严重限制服务器的升级性能。XML也允许加进其他数据，加入的信息能够流入存在的页面，不需要浏览器发一个新的页面。

8）在Web上发布数据　由于XML是一个开放的基于文本的格式，它可以和HTML一样使用HTTP进行传送，不需要改变现有网络。

（6）Web Service技术

Web Service非常适合实现面向服务架构，已经被业界公认为实现SOA的最佳途径。

Web Service基于网络的模块化和分布式组件，它和其他的兼容组件可以进行相互操作。它可以使用与超文本传输协议HTTP和XML相同标准的互联网协议。

Web Service平台定义了应用程序如何在Web上实现互操作。Web Service允许用任何语言在任何平台上写。Web Service平台通过一套协议来实现分布式应用程序创建。Web Service平台必须提供一套用于沟通不同平台、编程语言和组件模型中不同类型系统的协议，来实现互操作。目前这些协议有XSD、SOAP、WSDL等。

（7）消息队列技术

消息队列技术是分布式应用间交换信息的一种技术。消息队列可驻留在内存或磁盘上，队列存储消息直到它们被应用程序读走。通过消息队列，应用程序可独立地执行，它们不需要知道彼此的位置、或在继续执行前不需要等待接收程序接收此消息。

在分布式计算环境中，为了集成分布式应用，开发者需要对异构网络环境下的分布式应用提供有效的通信手段。为了管理需要共享的信息，需要对应用提供公共的信息交换机制。

设计分布式应用的方法主要有：远程过程调用（PRC），分布式计算环境（DCE）的基础标准成分之一；对象事务监控（OTM），基于CORBA的面向对象工业标准与事务处理（TP）监控技术的组合；消息队列（Message Queue），构造分布式应用的松耦合方法。

1）分布计算环境/远程过程调用（DCE/RPC） RPC是DCE的成分，是一个由开放软件基金会（OSF）发布的应用集成的软件标准。RPC模仿一个程序用函数引用来引用另一程序的传统程序设计方法，此引用是过程调用的形式，一旦被调用，程序的控制则转向被调用程序。

在RPC实现时，被调用过程可在本地或远程的另一系统中驻留并执行。当被调用程序完成处理输入数据，结果放在过程调用的返回变量中返回到调用程序。RPC完成后程序控制则立即返回到调用程序。因此RPC模仿子程序的调用/返回结构，它仅提供了Client（调用程序）和Server（被调用过程）间的同步数据交换。

2）对象事务监控（OTM） 基于CORBA的面向对象工业标准与事务处理（TP）监控技术的组合，在CORBA规范中定义了：使用面向对象技术和方法的体系结构；公共的Client/Server程序设计接口；多平台间传输和翻译数据的指导方针；开发分布式应用接口的语言（IDL）等，并为构造分布的Client/Server应用提供了广泛及一致的模式。

3）消息队列（Message Queue） 消息队列为构造以同步或异步方式实现分布式应用提供了松耦合方法。消息队列的API调用被嵌入到新的或现存的应用中，通过消息发送到内存或基于磁盘的队列或从它读出而提供信息交换。消息队列可用在应用中以执行多种功能，比如要求服务、交换信息或异步处理等。

（8）中间件技术

中间件是一种独立的系统软件或服务程序，分布式应用系统借助这种软件在不同的技术之间共享资源，管理计算资源和网络通信。它在计算机系统中是一个关键软件，它能实现应用的互联和互操作，能保证系统安全、可靠、高效运行。中间件位于用户应用和操作系统及网络软件之间，它为应用提供了公用的通信手段，并且独立于网络和操作系统。中间件为开发者提供了公用于所有环境的应用程序接口，当应用程序中嵌入其函数调用，它便可利用其运行的特定操作系统和网络环境的功能，为应用执行通信功能。

如果没有消息中间件完成信息交换，应用开发者为了传输数据，必须要用网络和操作系统软件编写相应的应用程序来发送和接收信息，且交换信息没有标准方法，每个应用必须进行特定的编程从而和多平台、不同环境下的一个或多个应用通信。例如，为了实现网络上不同主机系统间的通信，要求具备在网络上交换信息的知识（比如用TCP/IP的socket程序设计）；为了实现同一主机内不同进程之间的通信，要求具备操作系统的消息队列或命名管道（Pipe）等知识。

目前中间件的种类很多，如交易管理中间件（如IBM的CICS）、面向Java应用的Web应用服务器中间件（如IBM的WebSphere Application Server）等，而消息传输中间件（MOM）是其中的一种。它简化了应用之间数据的传输，屏蔽底层异构操作系统和网络平台，提供一致的通信标准和应用开发，确保分布式计算网络环境下可靠的、跨平台的信息传输和数据交换。它基于消息队列的存储-转发机制，并提供特有的异步传输机制，能够基于消息传输和异步事务处理实现应用整合与数据交换。

IBM消息中间件MQ以其独特的安全机制、简便快速的编程风格、高稳定性、可扩展性、跨平台性以及强大的事务处理能力和消息通信能力，成为业界市场占有率最高的消息中间件产品。

MQ 支持的平台多达 35 种。它支持各种主流 Unix 操作系统平台，如 HP-UX、AIX、SUN Solaris、Digital UNIX、Open VMX、SUNOS、NCR UNIX；支持各种主机平台，如 OS/390、MVS/ESA、VSE/ESA；支持 Windows NT 服务器。在 PC 平台上支持 Windows9X/Windows NT/Windows 2000 和 UNIX（UnixWare、Solaris）以及主要的 Linux 版本（Redhat、TurboLinux 等）。此外，MQ 还支持其他各种操作系统平台，如 OS/2、AS/400、Sequent DYNIX、SCO OpenServer、SCO UnixWare、Tandem 等。

（9）云计算技术

云计算体现了信息化的必然趋势——集中化服务模式，是新一代计算模式，具有能够提供动态资源池、虚拟化和高可用性的优点。它可以迅速调动出系统中能够利用的资源，组成一个虚拟化的运行环境，提供了高性能的计算服务，不仅能使系统在处理能力上获得巨大提升，而且使计算与存储的方式彻底改变，极大地降低了成本，提高了效率，其相关技术要点如下。

1）自动化技术　用户需要基础资源则提供，不需要则立即自动收回。增加或减少了服务型资源，不必考虑资源的出处或者资源是否够用。

2）虚拟化技术　虚拟化包括服务器虚拟化、网络虚拟化、存储虚拟化等，对底层物理资源实现了抽象，使其成为了一个个基础资源单位，可以被灵活生成、调度和管理。

3）读写分离技术　采用读写分离技术，以适应海量用户的不同操作，当访问峰值时，不会因用户访问读写不同操作而导致用户数据丢失。

4）全局负载均衡技术　由于信息系统的聚集，使用了云计算技术的平台将面临大量用户的访问，使用全局负载均衡技术，不同区域因用户数量的多少对网络资源进行自动调节和分配，不因某个区域访问用户数量多而造成用户使用的障碍。

5）高带宽、高计算能力　使用了云计算技术的平台将面向大量用户提供服务，数据量（包括图片、视频等）将日益增多乃至海量，必须要有高带宽与高计算能力作为硬件保障。

6）资源统一规划，高效利用　采用虚拟化资源技术、分布式的计算方式以及存储器等各类资源技术，实现资源统一规划管理，同时各类资源对外界提供管理接口。利用虚拟化的系统和业务安全机制，能够支持多个设备共享资源，并做到互不影响，提高服务器可利用资源的利用率。通过对业务的时间交错和峰值时间的分析，将空闲的业务进行转移，清理出一些机器进行睡眠关闭，达到节约资源的目的，故障发生时采用虚拟化的数据漂移技术，实现数据或虚拟磁盘瞬间漂移，保证服务器的工作连续性和高可用性。

10.3 系统结构和服务

系统框架结构以顶层设计中的信息化保障环境和系统运行环境为基础，自底向上，可划分为物联网终端管理控制设备、网络与信息传输、智能灌溉云数据中心和智能灌溉云服务平台四个层次。

通过云服务平台实现土质、墒情、苗情、虫情监测统计与管理；根据作物种植区域、作物品种、生长期水肥要素需求，进行浇水、施肥定额海量分析，灌溉、施肥制度生成，灌溉及施肥预报、智能灌溉，APP 服务提供，移动应用、下载应用等功能。

（1）现场信息采集展示

实时采集现场的信息数据，包含地下水液位、墒情信息、电量数据、肥料液位、阀门状态等数据，完成监测信息的接收、存储和应用，对以上信息进行整合后实现综合业务应用，包括：实时监控信息显示、历史观察信息、检测信息趋势分析、检测信息统计分布、检测信息异常预警、对外数据发布接口及规范等功能。

（2）灌溉制度及定额生成

以农学为指导，汇聚文献资料和专家经验，建立作物生长周期内不同阶段的灌溉模型，包括土壤分类墒情指标、作物生长所需水分模型、水分保留环境参数、灌溉与水分流失模型等。

基于灌溉模型，系统可以依据对区域位置、土壤墒情、天气预报、气温、光照强度、风速、蒸发量等环境参数的感知，自动生成灌溉制度，包括灌溉频次、灌溉水量等，为节水灌溉提供科学依据。

（3）施肥制度

以农学为指导，汇聚文献资料和专家经验，建立作物生长周期内不同阶段的施肥模型，包括肥料信息库、土壤水肥吸收特征参数库、作物生长阶段养分需求信息库等。

以施肥模型为基础，系统可以根据区域位置、测土配方信息、土壤类型、土壤关键养分含量、作物种类、作物生长期、遥感监测等环境信息，自动生成施肥方案，包括施肥肥料种类、每种肥料的施肥频次、每次施肥量等参数，为合理施肥提供科学依据。

（4）水肥一体化方案

系统根据灌溉制度和施肥制度以及通过对土壤信息、气象信息、作物信息、遥感信息等综合因素的分析研判，生成水肥一体化灌溉的方案，包括灌溉开始时间、灌溉水量、灌溉时长、施肥种类、每种肥料的施肥量、每种肥料的施肥开始时间、每种肥料的施肥时长等。

（5）灌溉施肥方案下载

智能灌溉云服务平台提供灌溉一体化设备方案的下载，一体化设备对下载的方案进行解码并执行，实现智能化、精准化灌溉。

下载申请需要满足平台的标准接口要求，提供相应的参数，具体的参数要求参考施肥、灌溉模型系统的介绍。

一体化设备可申请下载多个模型方案，可以根据用户自身需求进行选择。

灌溉施肥模型的功能如图10.1所示。

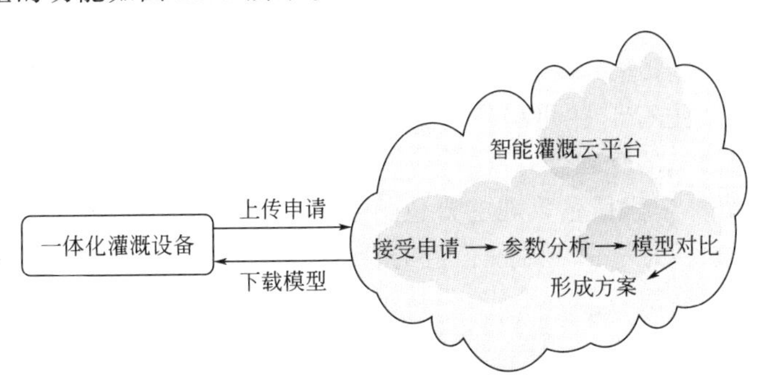

图10.1 灌溉施肥模型的功能

（6）移动应用

移动应用提供监测信息查询、运行监测、设备远程控制、收费查询、信息推送、供求信息服务、专家咨询服务等功能。

（7）气象服务

系统自建气象监测站信息及国家气象部门的相关气象信息相结合，作为系统的数据来源，开发气象服务子系统，为用户提供气象服务。

10.4 系统建设

建设智慧大田应用子系统实现基于云平台和监控平台的综合应用，包括：基础信息管理方式、运行整理方式、资源管理方式、统计分析方式、综合调度和分析预测。

（1）软件系统

包括自动化控制系统、信息化分析决策系统等综合信息化管理系统。

1）自动化控制系统　自动化控制系统主要包含中心支轴式喷灌机控制系统、气象监测站系统。

① 数据采集功能　信息中心可通过通信网络自动采集各个系统单元中的数据，例如：控制系统中的电压、电流、用电量，水泵运行状态、水泵运行时间、消耗电量、水泵管道出水流量、管道压力、中心支轴式喷灌控制系统中的喷灌机状态、土壤墒情值，气象站系统中的大气压力、气温、风速等数据。

② 控制功能　可实现信息中心控制、现场手动等多种方式控制，实现设备的本地/远程启动、停止。

③ 灌溉指导　当用户看到墒情数据低，要通过计算机启动供水泵、喷灌机进行喷灌时，系统会根据气象站观测到的数据提醒用户“当前风速过高不适宜灌溉，是否进行灌溉”。

④ 报警功能　当供水管线出现故障，立即停止水泵运行并报警。

2）信息化系统功能　系统应用主要包含了基础信息整理方式、运行整理方式、资源管理方式、综合调度、统计报表、分析预测等功能。

（2）基础信息

1）农田建设概况　该功能将根据管理部门提供的农田基本资料，以图形、图像、文字、语音的方式介绍农田建设概况、未来规划。

2）示范区信息系统管理　示范区的信息整理运行主要包括示范区的基础信息展示，农作物的基本生长信息、生育信息和水分信息，河段信息管理，水源信息管理，取水设施管理，土地流转信息等信息的管理。

3）工程信息管理　工程信息管理主要包括水泵信息、视频信息、气象信息、地下水信息、中心支轴式喷灌机信息、固定喷灌信息的管理。

（3）物资管理

1）农资信息管理　农资信息管理功能主要对农药、种子、化肥、农膜等物资的采购、存储、使用等情况进行实时管理和跟踪。

2）农机信息管理　农机信息管理功能主要对农业机械、生产及加工机械等物资的采购、存储、使用、维修等情况进行实时管理和跟踪。

3）水利物资信息管理　水利物资信息管理主要对水利灌溉设备等物资的采购、存储、使用、维修等情况进行实时管理和跟踪。

（4）运行监测

1）综合调度　综合调度功能可以使值班人员方便地管理农田安装的中心支轴式喷灌机、地下水位监测站、气象监测站、土壤墒情监测站、农情视频监测站的远程自动监控设施和灌溉用水计量设施，实时准确掌握农田灌溉水量、电量、地下水位、气象、土壤水分、农情等信息。能够通过综合调度查看各监测站地理分布、运行情况及报警信息。

2）实时数据监测　实时数据监测功能包括墒情、气象、地下水位、中心支轴式喷灌机等监测站运行数据的实时监测。监测的内容主要包括设备的运行参数、运行状态和监测站的监测数据等，并能通过曲线、工艺图等多种方式进行查看，通过声光等方式进行报警提示。

3）历史数据查询　历史运行数据功能包括墒情、气象、地下水位、中心支轴式喷灌机、固定喷灌等监测站历史运行数据的实时监测。数据的内容主要包括设备的运行参数、运行状态和监测站的监测数据等，并能通过曲线、报表等多种方式按日、按月进行查看、打印。

（5）综合调度

1）中心支轴式喷灌调度　中心支轴式喷灌调度功能可以通过动态效果展示中心支轴式喷灌机的整个灌溉工作流程。实时、准确掌握中心支轴式喷灌机灌溉过程中的灌溉用水量、用电量、地下水位、气象、土壤水分、农情等信息；实时察看现场喷灌机运转情况及农作物生长趋势等视频信息；并结合现场的灌溉情况对区域内的水泵及喷灌机进行实时调度控制。

2）固定式喷灌调度　固定式喷灌调度功能可以通过动态效果展现固定式喷灌灌溉的整个工艺流程。能够实时、准确掌握固定式喷灌灌溉过程中的灌溉用水量、用电量、地下水位、气象、土壤水分、农情等信息；实时察看现场固定式喷灌灌溉情况及农作物生长趋势等视频信息；并结合现场的灌溉情况对供水泵进行实时调度控制。

3）智能灌溉　系统通过预警模型对相关位置土壤墒情监测站的土壤水分数据进行分析，并对土壤水分不达标的土壤墒情监测站进行自动预警，启动智能灌溉功能。通过自动灌溉模型分析土壤墒情监测站所在位置的供水泵，判断水源是否满足灌溉要求，灌溉设备是否正常。若满足相关条件，调度系统自动进行智能提醒，并根据操作权限开启水泵及喷灌设备进行智能灌溉。

（6）统计报表

1）设备运行记录　设备运行记录功能可以对水泵、中心支轴式喷灌机等设备的启动时间、停止时间、运行状态以及设备启停过程所使用的灌溉用水量、灌溉用电量、灌溉时长进行统计，形成报表。

2）运行数据统计　运行数据统计功能可以自动对灌溉用水数据、气象数据、墒情数据进行统计分析，综合分析数据变化趋势，并以曲线、柱状图等展现方式显示结果。

3）设备运行信息统计　设备运行信息统计功能可以统计设备的故障信息和设备检修信息等。如设备故障的原因、检修结果、检修人等，可以查看详细记录，并能生成报表。

（7）分析预测

1）灌溉预报　根据作物生长周期要求的土壤水分、气象条件（温度、日照、风速）、土壤水分状况、作物种类及其生长发育阶段以及土壤水分的变化规律，通过灌溉预报模型生成下一次灌溉水日期和灌水定额，提前发出灌溉水量信息，达到节省时间，指导农作物有效灌溉，提高作物产量的目的。

2）成本要素分析　采集农田所种植农作物的年灌溉成本、年种子成本、年农药成本、年化肥成本、年租金、年耕地成本、年播种成本、年收割成本、年人工成本以及年亩产值等要素数据并进行分析，通过成本分析图及成本统计模型，生成年成本趋势变化图及年净利润变化图。

3）产量要素分析及预测　对示范区内所种植农作物的年灌溉次数、年化肥亩用量、年农药亩用量、种子型号、年种子亩用量等要素数据进行采集与分析；并能够通过产量预测模型预测来年相应的要素数据及亩产量。

第11章

智慧灌溉应用子系统

11.1 系统架构

基于互联网的智慧灌溉物联云系统综合了互联网、云计算、大数据、移动应用等现代信息技术，基于农业节水图斑和由区域水资源承载力决定的灌溉用水指标分配，将农业专家的技术和经验以及各种农业技术信息通过计算机语言形成数学模型和方案，由水肥一体化设备自动进行定量灌溉和施肥。

基于土壤墒情和气象要素，水肥一体灌溉决策子系统的参数可动态组合和扩展，为保障生态用水、作物生育期决策、灌溉决策、施肥决策、环境调节提供大数据分析。具有集成度高，响应速度快，效果好，准确率高，数据误差率低的特点。

智慧灌溉物联云系统应用子系统的实现主要采用J2EE技术、GIS技术、工作流技术、SOA技术、XML技术、Web Service技术、中间件技术和云计算技术。

智慧灌溉物联云系统按照“一级系统，多级应用”的分级结构进行建设。一级系统是指智慧灌溉物联云系统，多级应用是指灌排中心、灌溉工程、政府、用水组织、种植户。

自下而上，智慧灌溉物联云系统划分为信息感知层、基础设施层、数据层和应用支撑层等，如图11.1所示。

信息感知层采集灌溉用水量、电量、水位、墒情、气象及环境等关键灌溉数据及工艺设备的状态信息等，通过GPRS、NB-LOT、4G等无线传输至数据中心，实现全区域农业用水灌溉数据的实时统计分析及监控。

基础设施层由网络基础设施、存储设备、网络设备以及安全设备等构成，其中网络基础设施包括网络交换机、路由器等设施，系统管理软硬件包括服务器存储设备等设施及其管理软件，为智慧灌溉物联云系统的信息采集提供传输、交换和存储的硬件平台。

数据层基于大数据技术，实现地理空间数据和水利数据的交换、存储、检索、共享和展现，对灌溉数据进行专业分析和应用。主要包括基础数据库、业务数据库及专题数据库，是业务应用系统的支撑。

应用支撑层包括领域构建以及支撑工具等，为应用系统提供大数据处理、模型计算等服务以及应用系统所需的公共组件，其中支撑工具包括数据引擎、消息中间件、报表工具、接口服务、大数据分析等，领域构建包含资源共享类、业务继承类、安全类、管理类等内容。

应用层是智慧灌溉业务需求的实际体现，通过统一的平台架构以及统一的技术标准，开发智慧灌溉物联云系统、大数据决策模型服务系统、数据采集服务等功能，为管理人员提供清晰、直观的人机界面。

用户层主要是由水行政主管部门、政府管理机构、灌溉工程管理部门、用水单位、种植户等与平台相关操作有关的用户组成。

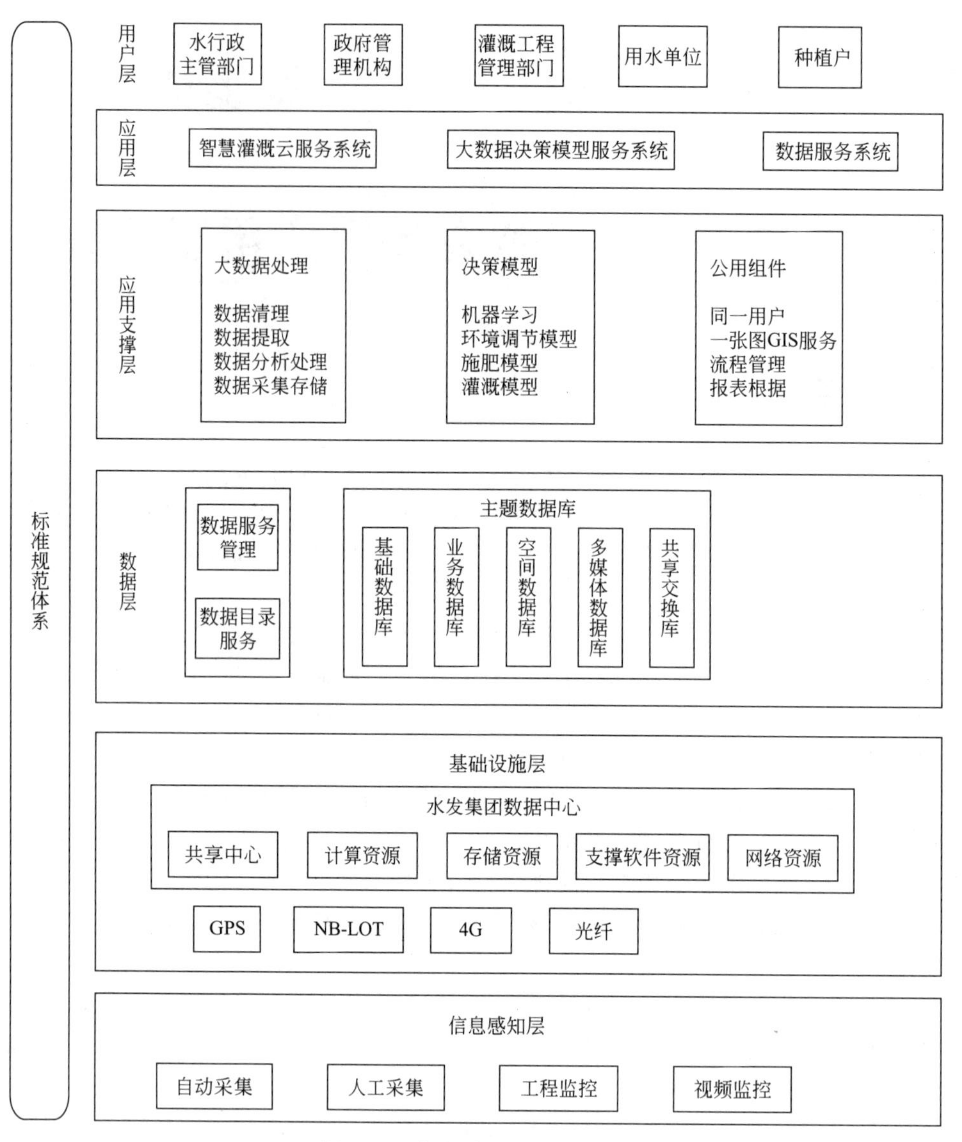

图 11.1　智慧灌溉物联云系统

11.2　数据资源平台设计

（1）业务数据库建设内容

业务数据库的建设主要包含：建设在线监测数据库，实现对工程项目的所有在线监测信息收集；建设多媒体数据库，实现对工程项目的视频监控及图片的搜集；建设数据交换数据库，实现与灌排中心及其他相关系统数据库的共享交换。

（2）数据采集处理系统

接收处理实时监测的墒情、温度、湿度、辐射强度、降雨量、风向、风速等各种数据；接收实时监控视频；接收人工检测的土壤养分信息（碱解氮、有效磷、速效钾、pH 值、有机质）、种植作物、登记日期等数据。

1）信息接收　由现场监测站点采集墒情监测点、气象监测点、视频监控点等信息，通过物联网终端将信息传输至数据中心，存储在在线监测数据库。信息接收及处理流程如图 11.2 所示。

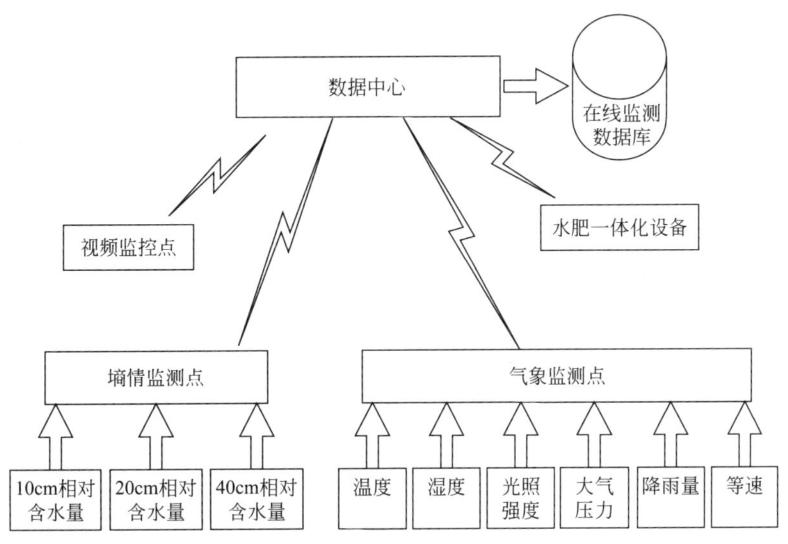

图 11.2　信息接收与处理流程

2）信息处理流程

① 信息接收　新建监测点与监控点数据通过物联网终端传输至数据中心后，由系统后台实现数据入库。接收到的信息种类包括数字、文本、图形图像和声音等。

墒情监测数据：土壤 10cm、20cm、40cm 相对含水量。

气象监测数据：温度、湿度、辐射强度、风向、风速、降雨量。

视频监控数据：作物生长期图片、监控视频。

② 信息转换　将接收到的信息处理成数据库统一存储的格式称为信息转换。

③ 信息存储　信息存储第一步是将接收到的信息进行分类，然后再存储到相应的数据库中。

监测信息接收处理子系统如 11.3 图所示。

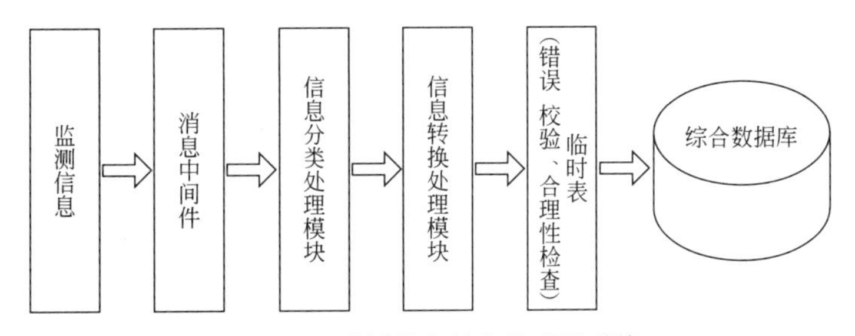

图 11.3　监测信息接收处理子系统

（3）数据共享交换系统

数据共享交换系统主要是将数据中心的在线监测数据及多媒体数据通过数据库适配器转换成模型数据库所需的输入参数，进行数据共享传输，并提供其他系统所需要的数据共享服务。数据交换与共享服务功能如图 11.4 所示。

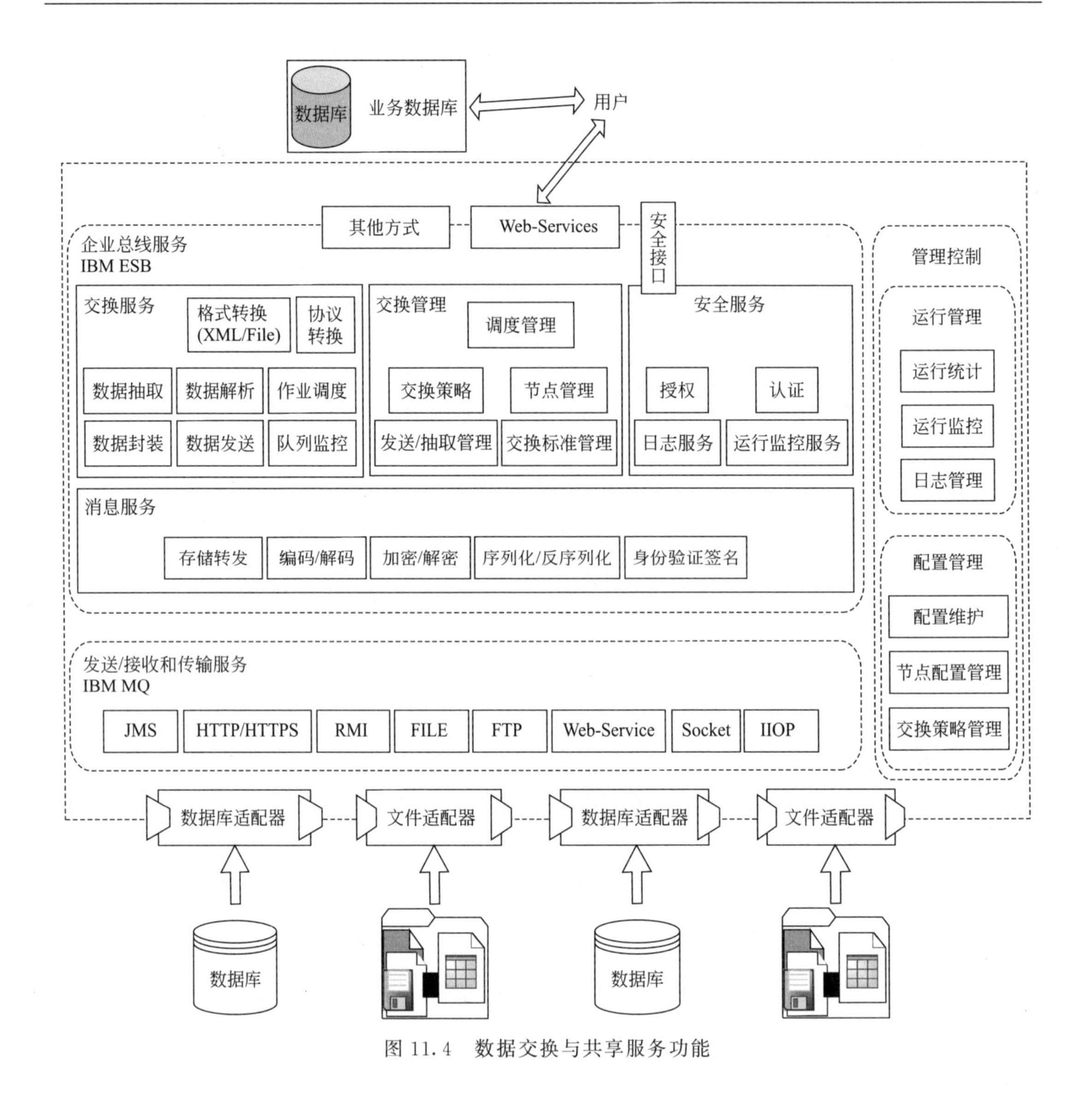

图 11.4　数据交换与共享服务功能

11.3　应用支撑平台设计

应用支撑平台由平台服务支撑、统计分析、数据交换、业务支撑四部分组成。

平台服务支撑是应用支撑平台的基础功能部分，主要提供身份认证服务、消息服务、报表服务、地理信息服务等功能。

统计分析部分向用户管理人员提供日常的综合查询、报表统计分析、数据展现等。

数据交换由数据集成与交互服务、数据交换与共享服务、数据目录服务组成，通过数据接口规范与其他系统进行对接。

业务支撑对灌溉管理业务提供支撑，对系统进行服务化、构件化封装，然后进行规划编排，提供其他业务系统使用。

应用支撑平台主要作用是为业务系统的设计、建设提供一个具有可靠性、稳定性、扩展性和安全性的支撑环境，由基础服务和通用业务服务两个核心部分组成。基础服务包括为各业务系统提供统一用户管理、统一权限管理等。通用业务服务包括相关的工具软件、统一日志管理、统一数据字典管理等。

在性能方面，应用支撑平台应能满足全天候（24×7）不间断运行的要求，作为各业务应用的技术支撑基础，在缓存管理、资源池监控、内存安全等方面应达到较高的性能要求，以确保应用支撑平台重启率低于1%。

智慧灌溉物联云系统需要 GIS 平台软件、数据库管理软件、应用服务器软件三类中间件，本着“资源共享、系统共建”的原则，在能够满足系统应用支撑平台开发需求前提下，可利用现有数据中心的支撑软件开发应用支撑平台。

通过外网接口，GIS 平台利用“天地图”提供的数据资源、应用功能、外观资源等一系列的服务，实现空间数据浏览查询功能，调取各类空间数据，进行浏览查询；利用云平台内嵌的转换工具将专题数据叠加到地图上，实现定制化的查询、统计和分析；根据业务的实际需求，利用云平台进行二次开发，进行功能修改、增加以及界面定制等。

11.4　软件系统功能

智慧灌溉物联云系统主要功能包括大数据决策模型服务系统、综合业务展示、物联网采集监测子系统、智慧灌溉服务系统等。

11.4.1　大数据决策模型服务系统

（1）作物水分管理模型

作物水分管理模型主要是根据当前的土壤类型、作物种类、墒情、土壤养分含量、种植作物及生长阶段、环境参数等信息，得出灌溉水量及灌溉方式的推荐方案。

作物水分管理模型的数据输入包含两个部分：

1）监测及环境数据　包含土壤类型、作物种类、墒情所监测的相对含水量、种植作物及生长阶段、环境参数等。

2）模型库中及专家系统　包含土壤分类墒情指标、作物生育期适宜水分参数、作物生长所需水分模型、水分保留环境参数等。

作物水分管理模型系统功能结构如图 11.5 所示。

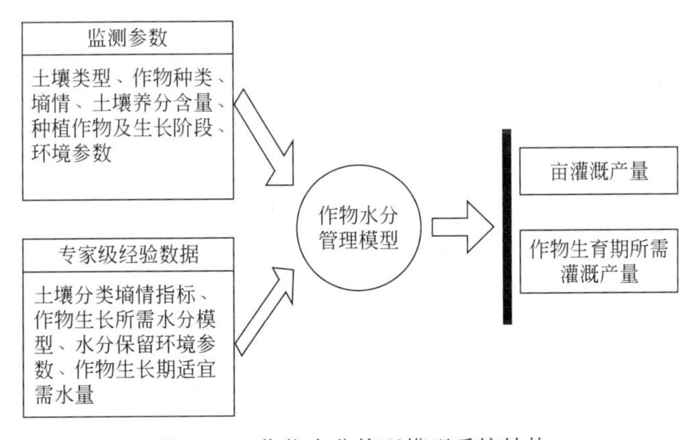

图 11.5　作物水分管理模型系统结构

(2) 作物养分管理模型

作物养分管理模型以养分平衡法的理论为基础原理，根据作物种类、作物吸收的养分信息、当前的作物生长环境信息、土壤养分信息等数据为参数通过作物养分管理模型给出精确施肥方案，主要包括作物当前生育阶段和作物氮需求量、磷需求量、钾需求量，再根据作物生育期所需要的养分信息与肥料库信息进行配比分析得出肥料种类、肥料用量、水肥稀释倍数等数据，实现水肥科学配比，达到最佳的效益比，在保证施肥方案满足作物生长的同时又能避免过量施肥带来的经济和土壤环境方面的问题。

作物养分模型系统的数据输入包含两个方面：

1）检测及环境数据　包含土壤关键养分含量（碱解氮、有效磷、速效钾、pH 值、有机质）、土壤类型、作物种类、作物生长期、墒情、环境信息等。

2）经验库及专家信息　包含肥料种类、养分含量比、土壤水肥吸收特征参数、作物生长阶段养分需求模型等。

作物养分管理模型系统功能结构如图 11.6 所示。

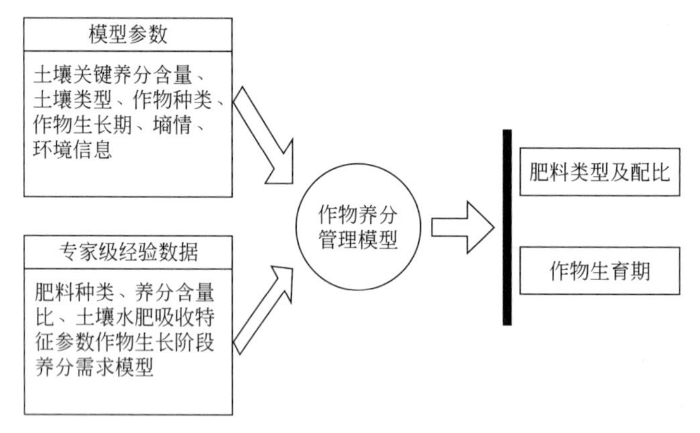

图 11.6　作物养分管理模型系统结构

(3) 水肥耦合管理模型

水肥耦合管理模型主要是针对当前作物所产生的作物水分管理模型的输出参数与作物养分管理模型的输出参数，根据作物生长阶段、环境参数等信息，得出适合当前作物的水肥一体化灌溉施肥推荐方案。

水肥耦合管理模型的数据输入参数包含两个部分：

1）作物水分参数　作物生长阶段、作物亩灌溉水量、作物名称、土壤类型、环境参数等。

2）作物养分参数　作物生长阶段、亩施肥量、肥料种类、作物名称、土壤类型、环境参数等。

水肥耦合管理模型系统结构如图 11.7 所示。

(4) 作物生长期分析模型

作物生长期分析模型主要是通过图像识别技术对作物的生长周期进行自动观测识别，分析出作物的当前生长期及生长期时间。通过整个作物的生长周期，来分析农业气象因素及土壤湿度因素对各个生长周期影响。

作物生长期分析模型系统的数据输入包含两个方面：

1）视频监控数据　包含多方位图片、监控视频。

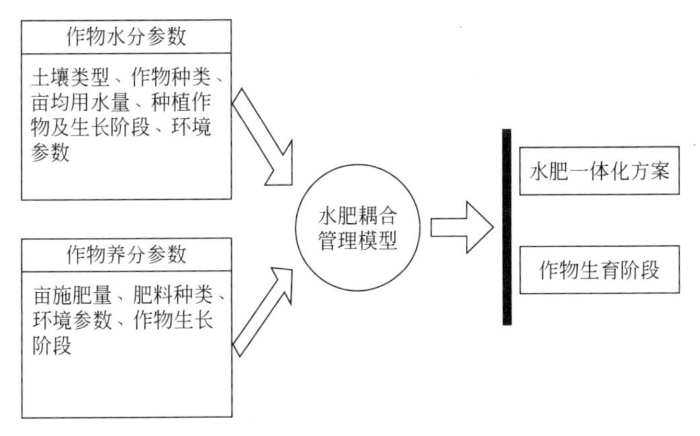

图 11.7　水肥耦合管理模型系统结构

2）作物特征数据　包含作物各生育期的多方位图片、绿叶阈值、花阈值、果实像素阈值、树干像素阈值等图像信息及叶面积、叶茎数、叶株高、叶面颜色、叶茎形状等数据。

作物生长期分析模型系统功能如图 11.8 所示。

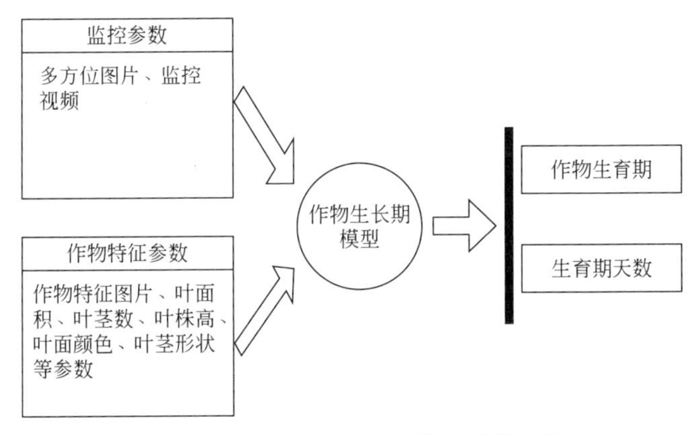

图 11.8　作物生长期分析模型系统功能

（5）专家数据分析模型

专家数据分析模型主要将大量的生产经验数据、专家经验数据整理入库，根据输入的监测参数，生成水肥一体化灌溉施肥推荐方案，进行智能分析，对方案进行调整，形成最合适于地区、种植作物、土壤类型的施肥方案。

专家数据分析模型功能如图 11.9 所示。

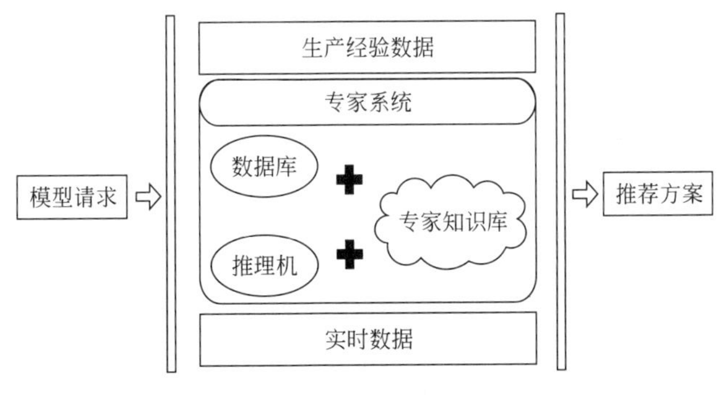

图 11.9　专家数据分析模型功能

(6) 机器自学习系统

利用云平台的强大计算能力，结合输入的海量数据，基于智能分析等技术，找到数据背后的关联规则，并转化成计算机程序，实现计算机系统的主动学习和知识自动更新功能。

系统实现机器学习系统对专家系统的数据修订，主要是通过两部分进行。

1）作物收获后，种植户将收获的作物产量录入到系统中，自学习系统自动整理整个作物生长期的数据及产量，与原专家系统中的数据进行对比，得出对比方案，并提出建议的灌溉施肥方案。修订动作不直接作用于专家系统数据库，而是通过为系统管理员提供建议的方式实现。管理员对修订建议进行人工审核后，执行专家系统数据修订工作。

2）每次作物灌溉施肥后，自学习系统自动整理本次作物生长期灌溉施肥的数据，与原专家系统中本生长阶段灌溉施肥数据进行对比，得出对比方案，提出建议的灌溉施肥方案。修订动作不直接作用于专家系统数据库，而是通过为系统管理员提供建议的方式实现。管理员对修订建议进行人工审核后，执行专家系统数据修订工作。

机器自学习系统功能如图 11.10 所示。

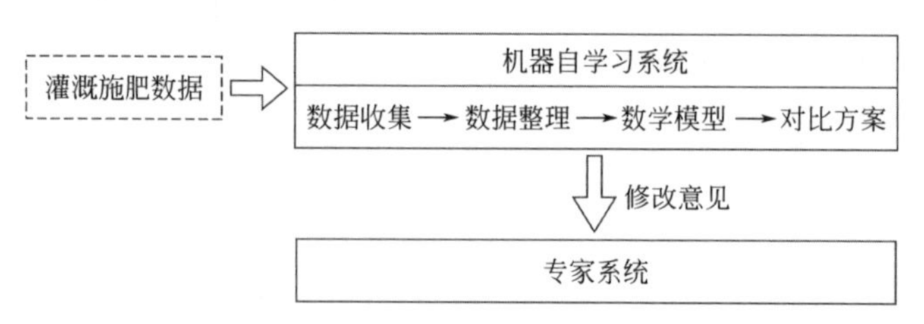

图 11.10　机器自学习系统功能

11.4.2　综合业务展示系统

综合业务展示系统在 Web 服务框架下，采用 Web GIS 技术实现对基础地图的各种操作和信息发布，主要分为图形显示、查询检索、制图综合、符号编辑、图形编辑、属性数据编辑、缓冲区分析等处理逻辑，在地图中展示数据和信息，真实再现现场场景。

具体功能如下。

1）综合展示　按照不同区域、不同类型，展示灌溉工程的数据、监测站点的数据，能够从点到面详细查看全区的灌溉工程及详细数据。

2）工程建设专题图　对全区域的工程进行分类，按照灌溉工程进行数据统计，以时间轴的方式对最近几年工程建设增长趋势进行展示。

3）面积专题图　将全区域的高效节水灌溉工程，按不同的工程类型和不同的种植作物，以面的方式在地图上统计相应的覆盖范围。

4）灌区专题图　对全区域的灌区统一进行查看，能够查看灌区的覆盖范围、灌区内的灌溉管道、墒情监测站点、气象监测站点等。

5）缓冲区分析　按照面缓冲的方式，查看附近的工程数据、监测站数据、灌区数据等相关信息。

6）地下水位专题图　通过灌溉用水的地下机井水位数据，以等值线或等值面的方式对灌溉地下水情况进行展示，反映地下水变化趋势。

7）监测站点专题图　对全区域的监测站点进行分类统计，按不同的站点类型、不同的故障类型、不同的供电方式、不同的区域进行分析，能够查看各个监测站的分布情况，查看监测站点的详细信息。

综合业务展示系统实际应用案例如图 11.11、图 11.12 所示。

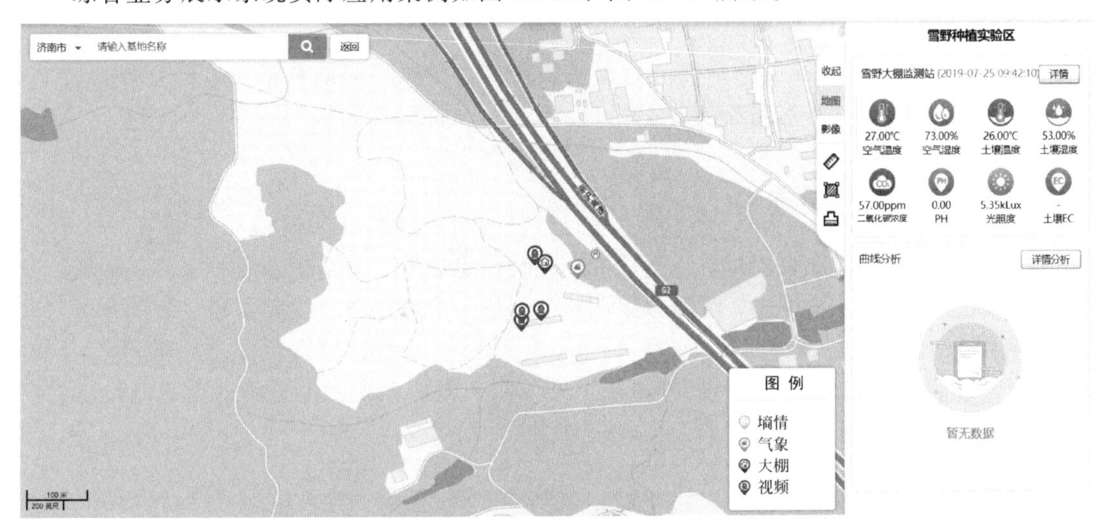

图 11.11　灌溉工程示意图

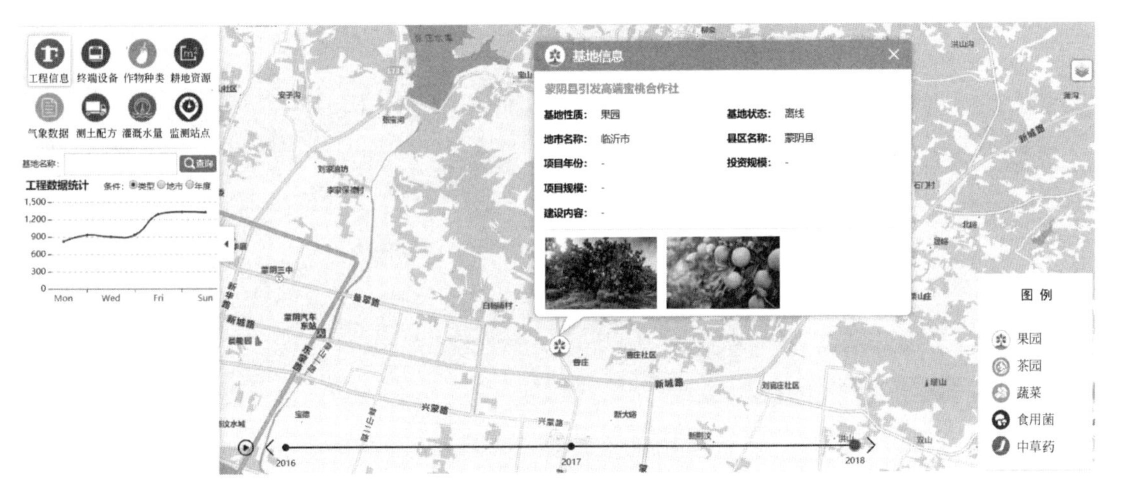

图 11.12　工程信息展示图

11.4.3　物联网采集监测子系统

物联网采集监测子系统主要是对全区域所有的物联网监测设备、设备监测信息、视频监控信息进行统一管理，通过数据转发接口为各业务系统提供数据支持服务。

1）设备管理　对全区农田水利工程的物联网监测设备进行统一管理，包括设备注册、设备管理、设备信息采集、查看等功能。

2）设备监测信息　对全区的设备监测数据进行统一管理，能够对用水量、墒情、气象数据进行横向比较，能够对全区的运行数据进行全局规划。

3）报警数据　根据设定的设备监测数据阈值，对实时监测的数据及运行状态进行实时报警，通过手机端及时告知管理者，对不同的设备进行故障统计，通过故障率确定设备的质量等。

4）统计数据　通过监测数据对全区域的地下水位状况进行统计、分析；对用水量进行统计，指导全市用水总量的控制；通过墒情及气象数据统计查看不同地区的天气及土壤干旱状况。

5）数据转发　根据各业务系统的数据使用要求，按照不同的数据接口进行数据转发，方便各业务系统进行数据挖掘及数据应用。

11.4.4　智能灌溉物联云系统

智能灌溉物联云系统主要具备以下功能：工程信息展示、种植信息展示、信息管理、数据查询、服务申请及方案推送、灌溉方案调整及更新、灌溉服务、视频监控、统计分析、数据交换等。

1）工程信息展示　展示所有的种植用户及灌溉工程，在地图上分类展示灌溉设施、项目区的土壤类型（潮土、沙土等）、土壤养分情况，如图 11.13 所示。

图 11.13　工程信息展示

2）种植信息展示　可以查询种植用户注册信息、所管辖灌溉工程、气象监测点、墒情监测点实时监测信息及统计信息，所在地区的土壤类型、土壤养分等信息，每种作物的灌溉方案，智慧灌溉操作流程图，气象实时信息，当前种植作物列表，当前执行任务，作物种植面积统计图，墒情实时信息等，如图 11.14 所示。

3）信息管理　灌溉工程信息、水源信息、输水设施信息、首部设施信息、地块信息、墒情监测站信息、气象监测站信息、视频监测站信息、农作物信息、作物信息登记都为信息管理内容。

4）数据查询

① 墒情数据查询。墒情实时监测点的监测量包括 10cm 含水量、20cm 含水量、40cm 含水量、垂直平均含水量、作物水分状态等信息。

② 气象数据查询。

③ 气象预报查询。综合中央气象网天气接口和六要素气象站信息，实时显示灌溉区域内未来七天天气情况。

图 11.14　种植信息展示

5）服务申请及方案推送

种植户将种植作物信息填报到系统中后，通过物联网设备发送到数据中心。数据中心根据种植户填写的信息生成灌溉方案，种植户通过互联网将方案自动下载到工程软件中。

6）灌溉方案调整及更新

① 方案调整及确认　系统以智能灌溉方案为依据，为用户提供方案调整功能。用户可调整灌溉开始时间，选择化肥种类、品牌以及本次的化肥重量和稀释倍数。系统将根据用户要求和现场的灌溉模式、设备参数，自动形成具体的智能灌溉流程。

② 灌溉方案信息　实时查看所有的灌溉方案信息，主要包括灌溉区域、作物种类、生育阶段、灌溉次数、灌溉日期、化肥种类、品牌、化肥重量等信息。

③ 灌溉方案更新　系统自动根据工程的计划灌溉日期，提前一天通过天气预报影响分析（未来三到五天内是否有降雨，后期根据土壤湿度来判断灌溉水量多少合适）调整灌溉日期、确认是否需要灌溉；为灌溉工程生成最优的灌溉施肥方案。

7）灌溉服务

① 设施检查信息推送　系统在灌溉前 24h 将设施检查信息推送至用户手机，用户按照手机端提示依次对设施进行运行前的检查、维护和操作；在灌溉前 1 小时，系统推送灌溉前准备工作信息，用户按照提示对电源、手动阀门、设备控制权限及肥料准备情况进行准备和确认。

② 智慧灌溉　到达灌溉时间后，系统将自动遥控泵站、水肥一体化管理设备、灌溉设备按照灌溉制度进行水肥一体化灌溉，用户可通过系统软件实时掌握灌溉的信息及设备的运行状况。灌溉结束后，自动停止系统设备运行，并通过手机端提示用户关闭电源及手动阀门。如图 11.15 所示。

③ 自动灌溉　种植用户自己设置灌溉时间、灌溉水量、化肥用量并推送到设备执行灌溉。自动灌溉区别于手动灌溉，是预先设定方案，发送到设备后，无需操作阀门，系统自动完成灌溉。

④ 灌溉施肥流程　记录每次农作物的灌溉及施肥情况，包括农作物名称、农作物生长

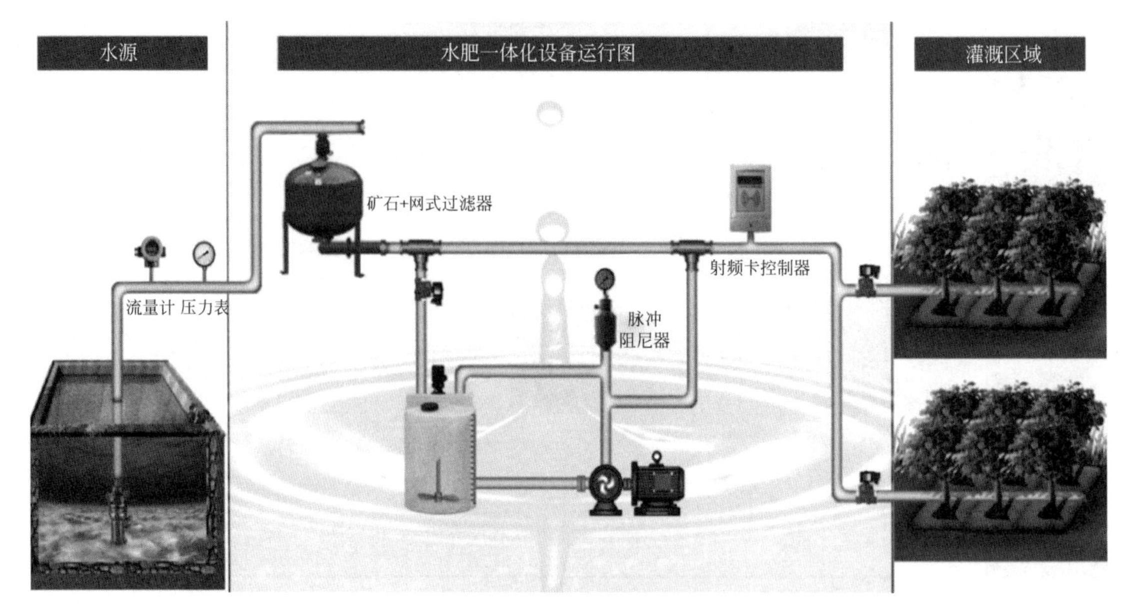

图 11.15 智慧灌溉流程图

阶段、开始时间、截止时间、灌溉时长、灌溉参考量、灌溉用水量、施肥参考量、灌溉施肥量等。点击本次灌溉记录，可查看灌溉过程中的施肥过程，主要包括开始时间、截止时间、施肥时长、施肥量。能够详细掌握农作物在每个生长阶段的灌溉施肥情况，并能够根据大数据进行灌溉施肥制度优化。

8）视频监控　通过视频监控设备能远程观察到监控控制范围内所有人员管理情况与作物生长情况，为作物种植、人员管理、园区安保提供了临场视觉效果，提高了管理效率。

9）统计分析　根据灌溉施肥定额及农作物的实际灌溉施肥量，对灌溉用水量及灌溉施肥所需要的氮磷钾进行对比分析；通过曲线的方式进行展示，并能够根据数据对比，对灌溉施肥定额进行校正。以农作物、年度为条件，统计为种植用户所提供的灌溉方案次数。

以工程项目为条件，统计灌溉工程总面积、灌溉工程的总水量、亩均用水量、氮磷钾施肥总量和亩均量、推荐化肥品种、总重量及亩均重量。并能够以年度、农作物详细查看每年或农作物。

以行政区域、年度、农作物为条件统计灌溉工程总数、氮磷钾的施肥总量和亩均量，推荐化肥品种、总重量及亩均重量；统计为种植用户所提供的灌溉方案次数。

10）系统数据交换　数据交换平台主要硬件设备为物联网采集与传输系统，配合宽带网络以及软件平台实现数据交换。通过数据交换平台软件，将系统采集的气象、墒情、图像等信息实时传输到数据中心用于模型分析软件。模型数据分析出来的灌溉计划，通过数据交换平台实时传输到工程信息自动化软件和水肥一体化管理设备，用于自动化灌溉。通过数据交换平台实现灌溉服务申请、方案下载及自动更新等功能。

11.5 系统设施部署

业务系统数据库规划存储量见下表。

序号	数据库名称	规划数据量/GB	数据中心名称
1	基础数据库	15	山东锋士
2	在线监测数据库	20	山东锋士
3	模型数据库	20	山东锋士
4	数据交换数据库	5	山东锋士
5	多媒体数据库	200	山东锋士
6	备份数据库	350	山东锋士
	合计	600	

按照以上系统数据库存储量综合估算，设施部署如下。

(1) 数据服务区

1) 数据库服务器 2 台　2 台高性能的 64 位中高端小型机服务器，并配置并行运行的数据库管理软件。

2) 多媒体服务器 1 台　1 台中低端服务器，主要存放图片、音频、视频以及其他非结构化文档数据，连入 SAN 存储网络。

3) 应用服务器 6 台　根据应用服务的分类安排 6 台应用层服务器。

4) 图形工作站 1 台　用于图像处理和 GIS 桌面软件运行服务。

5) 负载均衡器 2 台　通过在 Web 应用服务器连接负载均衡器，实现双机热备和负载均衡。

(2) 数据交换区

采用光纤将数据交换设备和所有设备之间进行物理连接，保证数据高速的交换。包括 2 组 SAN 交换设备互为热备，1 套 SAN 管理软件。

(3) 数据存储区

放置连接各服务器共享的存储设备和数据安全备份系统的存储设备，如磁盘阵列、磁带机。

11.6　智慧灌溉物联云系统执行设施

11.6.1　机井首部“互联网+”水肥一体化集成设备

机井首部“互联网+”水肥一体化集成设备是智慧灌溉云服务系统的执行机构，设备通过网络实时上传现场的环境信息，下载并自动执行云服务系统模型分析生成的水肥一体化灌溉方案，实现平台方案的精准化、自动化执行。

机井首部“互联网+”水肥一体化集成设备主要包含过滤、施肥及配套的管道、防护设施和“互联网+”水肥一体化管理设备。

其中过滤设备包含三级，第一级为离心过滤器，第二级为砂石过滤器，第三级为碟片过滤器。施肥设备包含水肥核心控制器、溶肥装置、施肥装置、水肥混合装置、肥液浓度监测及调节装置、物联网模块等部件。配套设施包含水肥输送管道、阀门、管件、防护棚等。

机井首部“互联网+”水肥一体化集成设备系统结构如图 11.16 所示。

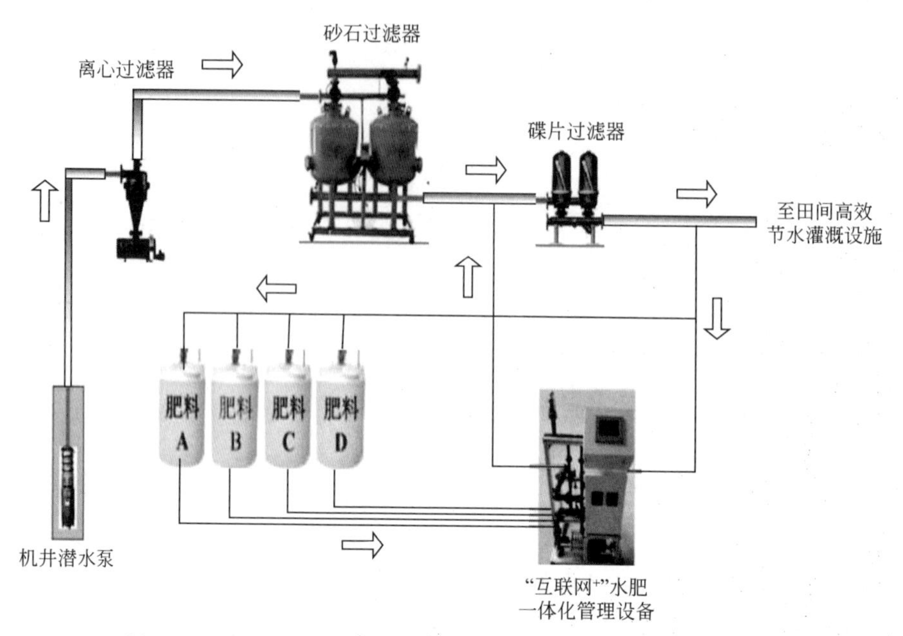

图 11.16 机井首部"互联网$^+$"水肥一体化集成设备系统结构

"互联网$^+$"水肥一体化管理设备：灌溉系统首部配套安装水肥一体化管理设备，具备物联网功能的水肥一体化管理设备在智慧灌溉云服务系统的后台指挥下，自动下载智慧灌溉云服务系统的水肥一体化灌溉方案，并将方案进行分解和执行，实现灌溉、施肥的科学决策和自动化运行。

"互联网$^+$"水肥一体化管理设备工作原理如图 11.17 所示。

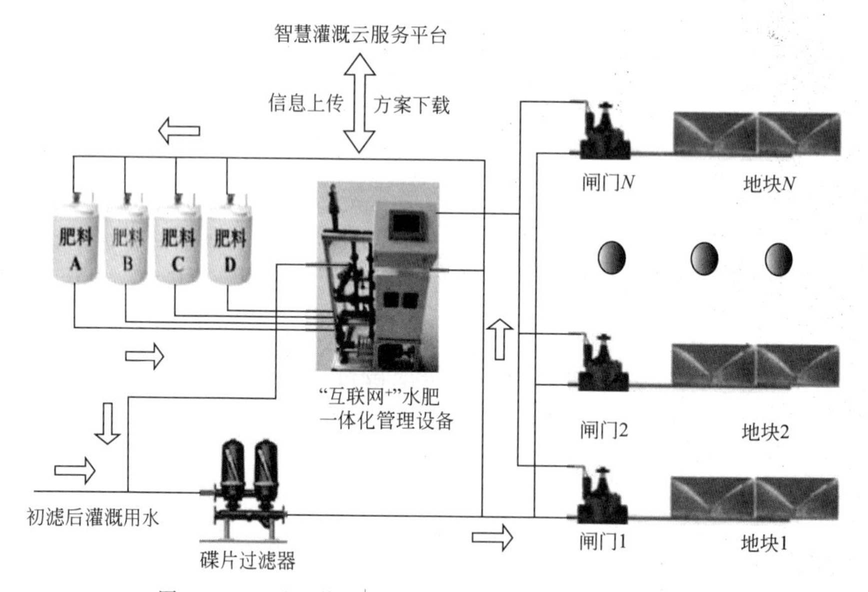

图 11.17 "互联网$^+$"水肥一体化管理设备工作原理

11.6.2 田间首部"互联网$^+$"水肥一体化集成设备

田间首部"互联网$^+$"水肥一体化集成设备是智慧灌溉云服务系统的执行机构，设备通过网络实时上传现场的环境信息，下载并自动执行云服务系统模型分析生成的水肥一体化灌溉方案，实现平台方案的精准化、自动化执行。

田间首部“互联网+”水肥一体化集成设备包含过滤、施肥及配套的管道设施。过滤设备采用碟片过滤器，施肥设备包含水肥核心控制器、溶肥装置、施肥装置、水肥混合装置、肥液浓度监测及调节装置、物联网模块等部件。配套设施包含水肥输送管道、阀门、管件等。

田间首部“互联网+”水肥一体化集成设备系统结构如图 11.18 所示。

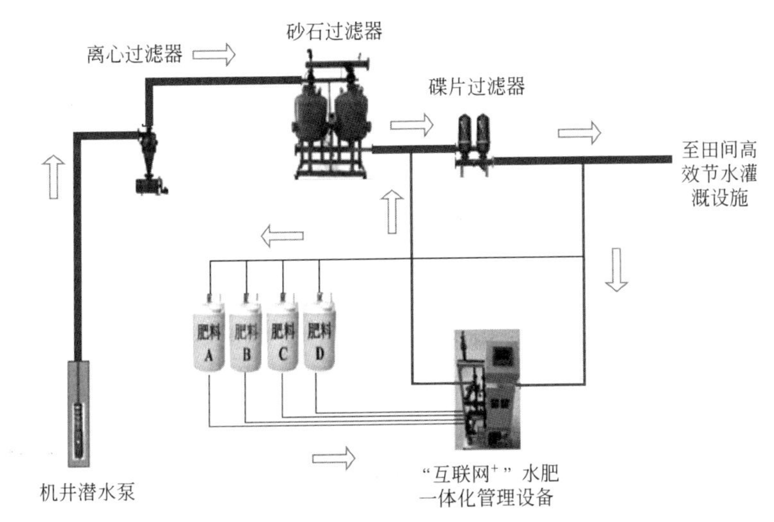

图 11.18　田间首部“互联网+”水肥一体化集成设备系统结构

11.6.3　小型气象站

(1) 气象站结构

田间小气候自动观测站由气象传感器、微电脑气象数据采集仪、电源系统、轻型百叶箱、野外防护箱和不锈钢支架等部分构成，通过 GPRS 数据传输终端将数据上传到智慧灌溉云服务平台，同时配套太阳能供电系统，为气象站提供工作电源。

自动气象站采集传输模块支持各类通用气象传感器的接入，气象数据经数据采集传输模块汇总后，通过无线 GPRS 网络将数据传输到智慧灌溉云服务系统。

小型气象站结构如图 11.19 所示。

(2) 监测内容

监测内容：环境温度、相对湿度、风速、风向、雨量、辐射强度、太阳能供电系统电压。

11.6.4　墒情监测仪

土壤墒情是直接或间接影响植物生长和发育的重要环境因素，土壤湿度可以改变植物很多因素，对于农作物而言，直接影响到农作物的生长和产量。许多生理过程如气孔导度、蒸腾、养分传输和二氧化碳的吸收等，都与土壤水分含量有直接的关系，土壤含水量的监测是十分必要的。同时土壤温湿度也是智慧灌溉云服务系统精确确定灌溉水量和反馈调整灌溉系数的重要参数。

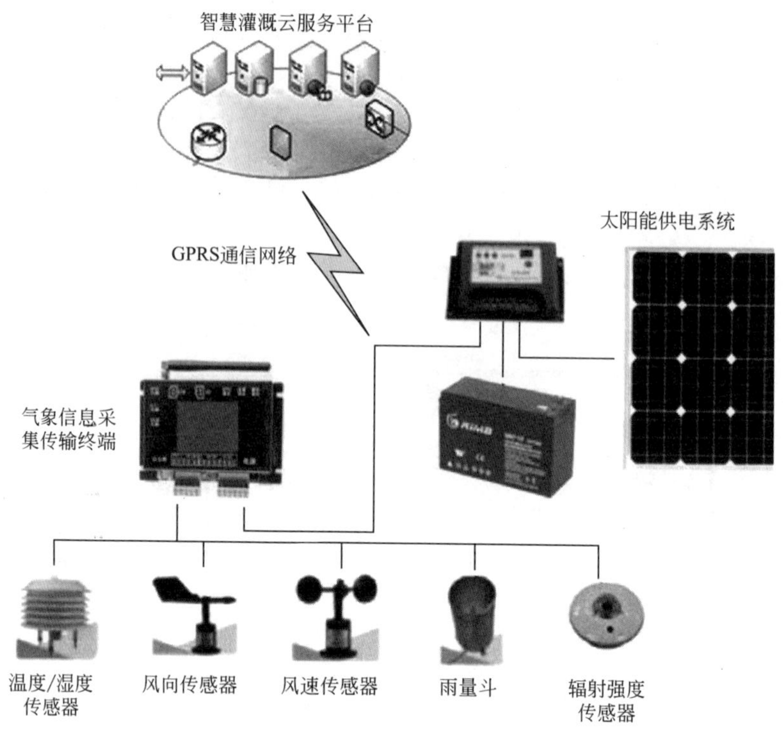

图 11.19 小型气象站结构

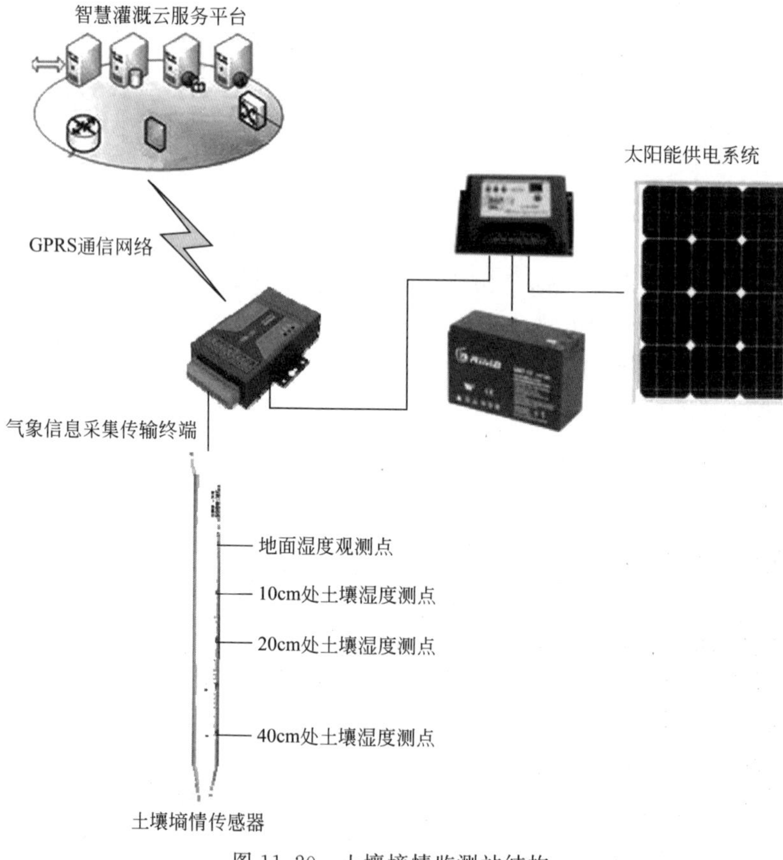

图 11.20 土壤墒情监测站结构

(1) 墒情监测站结构

墒情监测站由管式土壤温湿度传感器、GPRS 采集传输终端和配套的太阳能供电电源等部分构成，土壤墒情信息通过 GPRS 数据传输终端将数据上传到智慧灌溉云服务平台，太阳能供电系统为设备提供工作电源。

土壤墒情监测站结构如图 11.20 所示。

土壤墒情监测站采集传输终端通过 RS 485 接口连接传感器，通过无线 GPRS 网络将数据传输到智慧灌溉云服务系统。

(2) 监测内容

监测内容：监测土壤地表温度湿度、10cm 处土壤温度湿度、20cm 处土壤温度湿度、40cm 处土壤温度湿度、太阳能供电系统电压。

第12章

农业地理信息平台应用子系统

全省统一的农业地理信息平台以已有的网络设施为支撑，以地理空间信息资源为数据基础，具有较强开放性和可扩展性。平台包括耕地资源管理模块、测土配方管理模块、农业灾害控制模块、农业区域布局管理模块、农业建设成果展示模块、农情及生产管理模块、运维管理模块等，与农业综合应用平台有机集成，实现统一地理信息资源标准、统一地理信息技术标准规范、统一地理框架、统一地理信息资源应用服务管理模式，实现“一站式”互联和单点登录。

12.1 总体设计

系统总体框架采用多层技术架构、B/S运用方式，数据存储、服务器系统采用集中式部署。系统总体框架如图12.1所示。

(1) 信息采集层

信息采集层是平台的基础，包括通信模块、无线终端单元（RTU)、供电和采集各种信息的传感器、视频采集设备等，可实现数字量和模拟量输入、输出，并支持多种通信方式；主要感知信息有作物生长信息、环境信息与视频图像信息等。

(2) 信息接收层

信息接收层主要是通过有线、无线网络环境，接收和处理农业采集设备传送的数据。包括数据的接收、解析、处理、转换以及存储等功能。

(3) 数据层

数据层是系统的核心，主要借助于山东省农业数据中心的数据仓库和业务数据库建设成果，将采集到的数据进行统一存储。数据层由农业基础地理信息数据、卫星遥感数据、农业监测数据以及各自的元数据库等组成。同时，数据层还包括空间数据间的逻辑维护组件。

在本层，农业地理信息系统建设内容主要实现对本系统所有数据的存储和管理。

(4) 应用服务平台层

应用服务平台层是服务和业务系统集成中心，是农业业务流程重组、编排的平台，负责把农业地理信息系统的信息服务集成到后台数据中心应用平台中。主要功能是实现数据实时发布与历史数据查询、实时视频数据获取、视频数据调阅等功能。

(5) 平台应用层

应用层实现人机交互功能，统一采用Web界面，提供友好的软件界面和操控方式，使

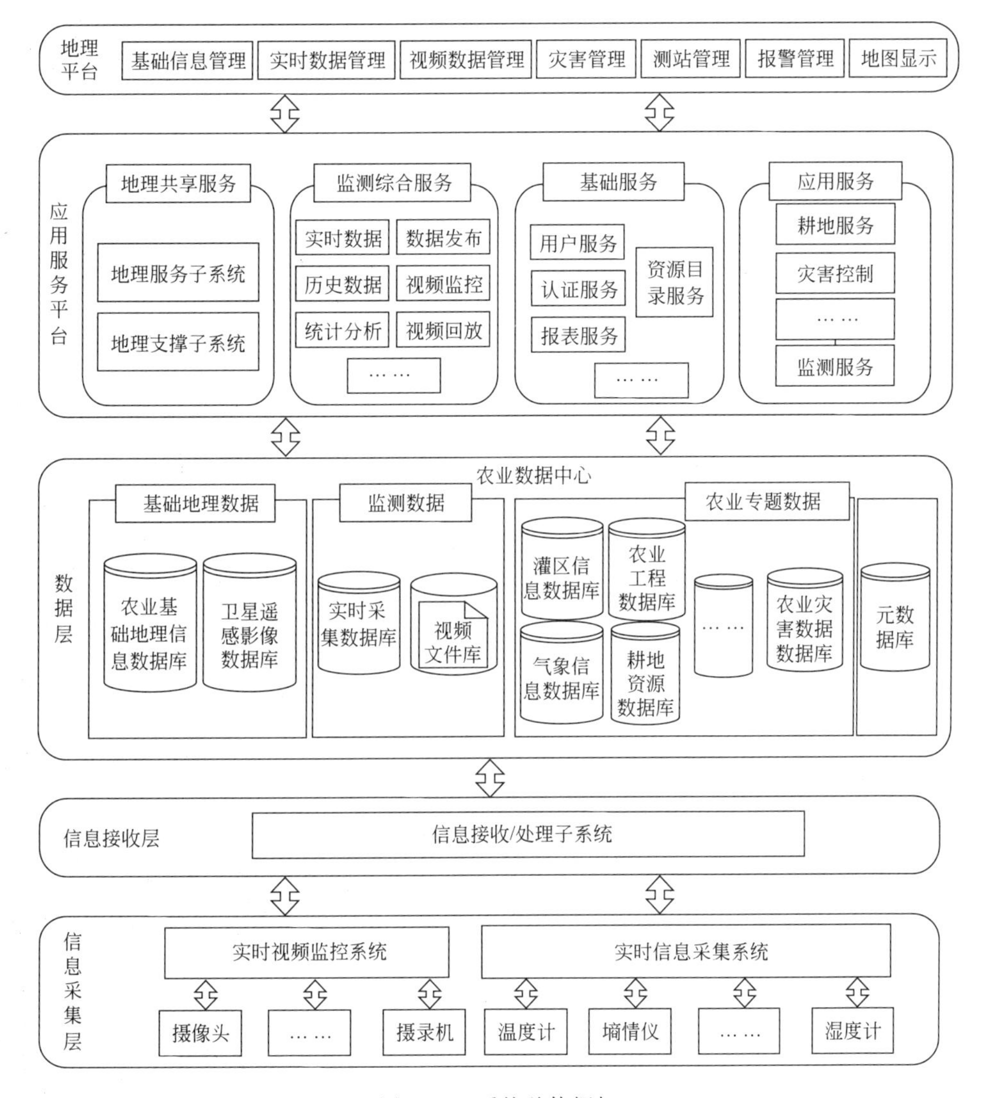

图 12.1　系统总体框架

各类用户群均能较快适应信息化管理的办公模式。应用层在服务平台的基础上，根据业务需求完善系统功能，确保业务流程的完整性。根据业务功能和用户群将应用层分为基础数据管理、实时数据管理、视频数据管理、水库管理、地理信息管理等。

12.2 标准规范建设

12.2.1 农业基础空间数据收集、整理与建库

主要包括以下内容。

(1) 电子地图、兴趣点和地名地址数据的收集

收集山东全省 17 个地市的电子地图、兴趣点和地名地址数据，为山东农业生产的空间定位和搜索提供服务。

1）电子地图数据　电子地图数据是针对在线浏览和专题标图的需要，对矢量数据、影像数据进行内容选取组合所形成的数据集，经符号化处理、图面整饰、分级缓存后形成重点突出、色彩协调、符号形象、图面美观的地图显示，电子地图制作流程如图 12.2 所示。

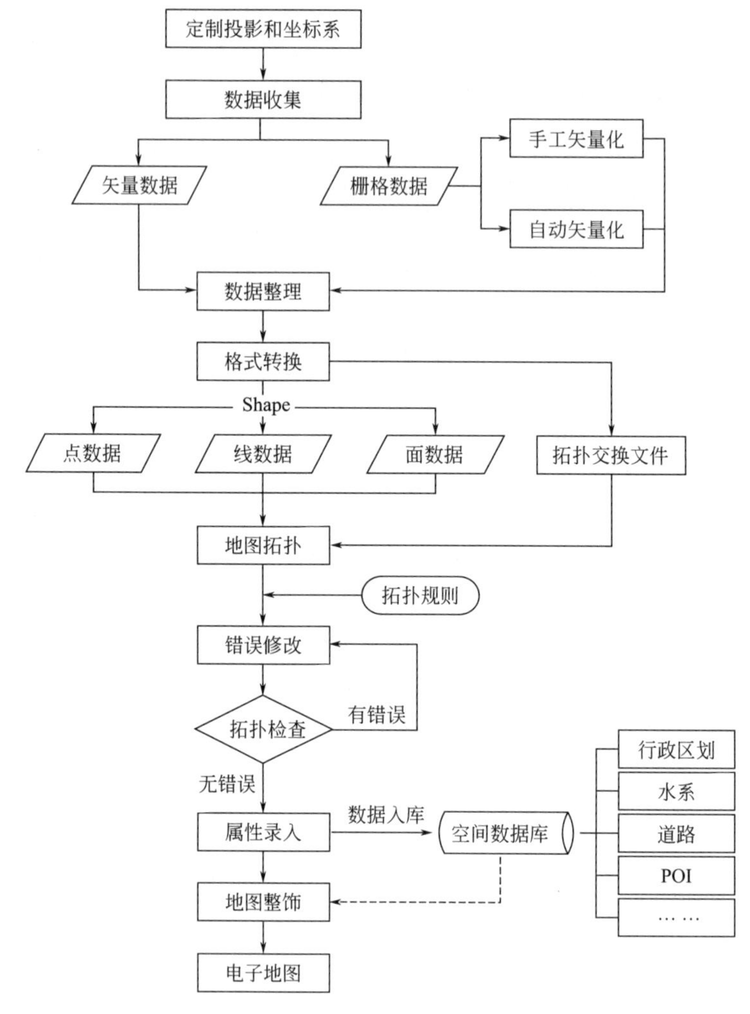

图 12.2　电子地图制作流程

2）兴趣点数据　兴趣点（POI）数据是一种描述坐标点标注的最简单矢量数据，是电子地图常见的点状数据图层。由于电子地图的兴趣点展示范围有限，或部分数据出于保密考虑，不能将所有兴趣点完全与电子地图叠加。当我们浏览电子地图的时候会发现，电子地图上没有展现的地物可以通过检索的方式标绘出来，这因为地图服务商会把电子地图的兴趣点从实际 POI 数据中独立出来，前台展现的兴趣点是 POI 库的一部分。

3）地名地址数据　地名地址信息挂接或关联到位置标识点上，是对地名、地址信息的结构化描述与标识。其以坐标点位的方式描述某一特定空间位置上自然或人文地理实体的专有名称和属性，是专业或社会经济信息与地理空间信息通过地理编码或地址匹配进行挂接的媒介与桥梁。

（2）平台数据的矫正与重绘

基础地理数据需要直接对接山东“天地图”数据服务，实现“天地图”数据在农业 GIS

方面的应用，基础地理数据要叠加到山东“天地图”的地理底图上。由于精度问题而存在偏差，需要对农业物联网平台数据进行位置矫正或重新编绘。

基础地理数据的数据类型主要分为点、线、面图层，数据的矫正通过叠加遥感中心的影像地图，查看地理要素位置是否一致，对不一致的数据调整空间位置。对于部分区域底图数据的分辨率较低造成的工程、站点等数据无法定位的情况，可参照高比例尺的电子地图。如果在影像地图和电子地图上均无法定位到地理要素，可由数据处理工作人员通过手持 GPS 外业采集的方式获取准确坐标。

12.2.2　建立农业基础空间数据库

农业基础空间数据库主要是建立全省多种分辨率、尺度以及信息源的与地理有关的信息框架，构建覆盖全省重要地区的基础地理信息数据库，实现对多种类型的海量空间数据进行管理，为农业信息化建设提供地理空间平台，为农业各业务部门提供空间定位数据、基础地理信息数据。

农业基础空间数据库建设的重点是建立 1∶50000、1∶10000、1∶5000 等比例尺的基础地理信息数据库，主要包括矢量地形图数据、地名数据、元数据等。

1）矢量地形图数据　根据全省市收集的电子地图整合后的数据。包括行政区划、河流、道路网、绿地等基础地理数据。

2）地名地址数据　地名地址数据主要包括地名、地理名称对象以及地理名称对象与基础地理要素对应关系等数据。

3）元数据　元数据是基础地理数据的描述性信息，包括数据生产、管理、服务三个环节所产生的相关信息。

4）兴趣点数据　收集到的全省或全市兴趣点数据，包括两种。一种是在电子地图上直观展示的图形数据，另一种是在数据库中存储的属性数据。前者是后者的部分数据。后者的具体属性结构如表 12.1 所示。

表 12.1　兴趣点数据属性结构表

字段名称	中文说明	字段类型(长度)	说明
* NAME	名称	TEXT(60)	
* TYPE	兴趣点一级分类	TEXT(20)	
* TYPE2	兴趣点二级分类	TEXT(20)	
ADDNAME	地址名称	TEXT(200)	详细地址
ADDCODE	地址编码	TEXT(30)	与地名地址库挂接
TELEPHONE	电话号码	TEXT(20)	
* PAC	所在行政区划代码	TEXT(20)	填至县区级，参考行政区划代码
DES	描述信息	TEXT(200)	该兴趣点文字描述信息
RelateID	关联 Table 表中 RelateID	LONG	作为外键，与关联表的数据进行关联。默认值为 0，当该 POI 存在对应的图片时，应赋唯一值

Table 表利用存储 POI 图片、视频等方式。Table 表和属性表通过和 RelatedID 进行管理，便于解决一个 POI 点对应与多个资源点的难题。POI 关联表的数据类型结构情况见表 12.2。

表 12.2　兴趣点关联表

字段名称	中文说明	字段类型(长度)	说明
RelateID	POI 的编码	LONG	对应 POI 图层中的 RelateID 值
URL	多媒体路径信息	TEXT(250)	相对路径，只允许含有英文字符，如 assets/pictures/hotel.jpg

12.3　数据结构设计

主要是指数据库设计。

12.3.1　业务数据库设计

业务数据库是以山东省农业地理信息系统的业务管理为目的，根据农业地理信息系统业务管理实际操作中各种档案、业务流程、表格信息而建立的数据库，以及为地理信息管理支持需要而建立的专题数据库。

山东省地理信息系统业务数据库中主要包含了农业区域布局管理数据、耕地资源管理数据、农情及生产管理数据、测土配方施肥管理数据、农业建设成果展示数据、农业灾害控制数据、运维管理数据等七类业务大数据，业务数据库总体结构如图 12.3 所示。

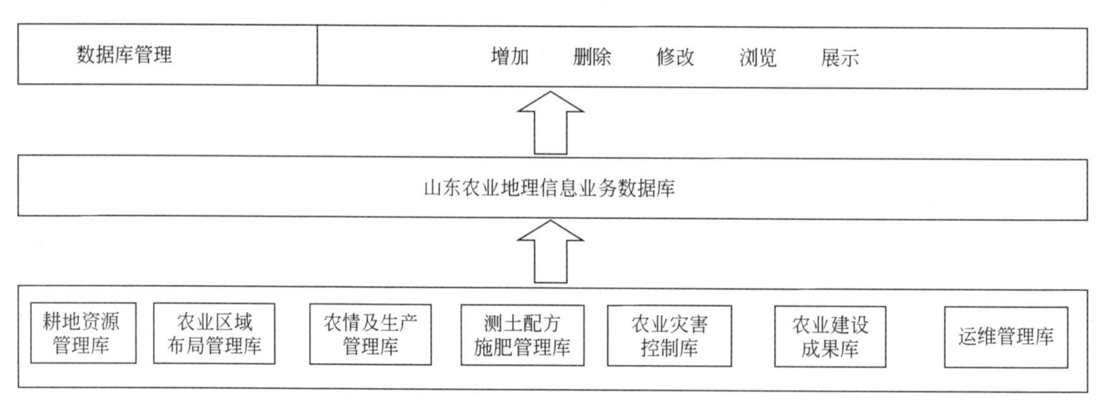

图 12.3　业务数据库总体结构

(1) 耕地资源管理库

耕地资源管理库主要包含耕地资源属性类表和耕地地力评价类表。该库内所有数据表均以 CLS_ 为前缀。该库主要由耕地资源基本信息表、耕地资源地形地貌信息表、耕地土壤信息表、耕地资源利用情况信息表和耕地资源地理评价表、耕地资源土壤评价类表等组成。

(2) 农业区域布局管理库

农业区域布局管理库主要包含农业区域属性类表、农作物种植分类表和农业区域评价类表。该库内所有数据表均以 ARD _ 为前缀。该库主要由农作物区域布局基础信息表、耕地适宜性评价表、耕地土壤监测数据表、土壤污染情况表、农作物种植适宜性表、农作物生长因素表等组成。

(3) 农情及生产管理库

农情及生产管理库主要包含农情专题类表、四情监测类表和农田管理类表。该库内所有数据表均以 ASP _ 为前缀。该库主要由农情基本信息表、农田状态信息表、农作物种植分布表、病虫害分布表、土壤质地分布表、农田旱情分布表、四情监测信息表、设施蔬菜信息监测表、食用菌信息监测表、现代果园生产信息表等组成。

(4) 测土配方施肥管理库

测土配方施肥管理库主要包含土壤养分类表、土壤养分评价类表和综合施肥信息类表。该库内所有数据表均以 FFS _ 为前缀。该库主要由土壤养分基础信息表、土壤养分监测信息表、土壤养分评价表、综合施肥方法表、配方肥基础信息表等组成。

(5) 农业灾害控制库

农业灾害控制库主要包含土壤墒情信息类表、病虫灾害信息类表和农业灾害评价类表。该库内所有数据表均以 ADC _ 为前缀。该库主要由土壤墒情监测信息表、上壤墒情评价信息表、自然灾害种类基础信息表、病虫灾害信息表、地区降水量信息表、病虫灾害进度信息表等组成。

(6) 农业建设成果展示库

农业建设成果展示库主要包含农业示范区信息类表、农业服务机构信息类表和特色农产品信息类表。该库内所有数据表均以 RAC _ 为前缀。该库主要由现代农业示范区信息表、农业技术服务机构信息表、特色农产品信息表、物联网基地基础信息表、特色农产品分布区域信息表等组成。

(7) 运维管理库

运维管理库主要包含权限管理类表、设备和人员管理类表和日志管理类表。该库内所有数据表均以 OMM _ 为前缀。该库主要由用户基本信息表、人员权限信息表、角色信息表、岗位基本信息表、服务访问日志表、运维监控日志表、设备和人员基础信息表、场景基础信息表、采集设备基础信息表、控制设备基础信息表等组成。

12.3.2 地理信息数据库设计

农业基础地理数据建库要充分考虑对现势数据、历史数据的管理，以及当前成果数据的管理。农业基层地理数据库使用了3库管理模式，分为主体库（现势库）、历史库、成果库3部分，互相之间在物理和逻辑层面分别都是独立的。其中主体库存放农业基础空间信息的现势数据，历史库存放因现势库更新而产生的基础地理信息的历史数据，现势库和历史库的数据流动是单向流动的，成果库储存了农业业务的数字制图成果数据。总体结构如图12.4所示。

主体数据库中主要存放农业底层地理大数据和信息地图数据。农业基础地理数据使用逻辑无缝的组织方式，以常规点线面数据集进行存储管理，电子地图数据集也是逻辑上无缝整

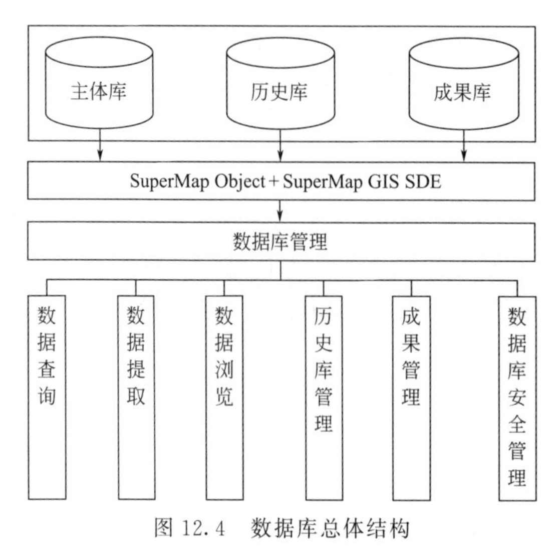

图 12.4 数据库总体结构

合。不同比例尺中的数据存储管理按照不同的数据来源进行分类，而同一比例尺下的不同数据类型会放在同一存储源中进行存储和管理。

历史数据中存储的只是发生变化之后的数据，不会存储没有发生变化的数据，不同时间段的矢量数据会进行整合存储管理，并且会加入日期，来记录历史数据的时间状态。

成果数据库用来存储进行地理信息数据处理的原始成果数据。矢量数据按成果范围进行存储管理，并在数据集名称中添加日期标识，以此区分成果数据的时态。

12.4 应用系统设计

(1) 耕地资源模块

耕地资源管理是有针对性地对农用耕地的基本属性进行排查，从而建立的耕地资源空间和属性数据库，实现图形与数据库的有机结合，为耕地资源的自动化管理服务。

耕地资源管理主要以全省或特定区域内的耕地资源为管理对象，应用 GIS 技术，对耕地的气象、地形、地貌、土壤、利用状况等资料进行统一管理。耕地资源基础信息平台与各类管理模型结合，建立耕地地力及适宜性评价，对耕地资源进行动态管理，为农业决策者、农业技术人员提供多方位的信息服务。

(2) 农业区域布局模块

系统通过建立各类分析计算模型，结合 GIS，制作耕地规划数据模型。

模型使用 GIS 技术，对农用耕地进行划分，将自然资源、社会经济资源数据库与 GIS 相整合，能够高效快速地绘制出农用分区的规划统计模型图；也可以将遥感系统（RS）与 GIS 结合起来，从而对不同区划方案进行动态模拟与评价，编绘出各种综合评价图、区划图等，直观定量地显示区划结果。重点包括耕地适宜性和农作物种植适宜性评价。

(3) 农情生产管理模块

利用 GIS 技术开发农情生产管理模块，实时了解并准确掌握农业生产信息，提高决策及时性和针对性。

农情生产管理模块可以通过互联网进行访问观察，是作物信息化管理实现的方式之一。其主要功能包括：

1）农业情况专题图　通过农田地图对全省的农田状态和作物生长状况进行监测。

2）农田管理　主要依靠农业技术人员和生产管理人员对作物生长状况进行综合治理检索和监测等。

3）地图管理　地图管理的主要作用是对地图进行缩放、位移、搜索、整理等处理。

4）个人信息管理　即用户管理，通过对用户实行权限管理，实现多用户按权限进行访问与共享等功能。

(4) 测土配方施肥模块

系统开发测土配方施肥系统，依托 SuperMap GIS，以土壤监测和田间试验为基础，通过对全省或特定区域土壤分布、土壤养分监测、大田肥效试验、作物需肥量等数据进行收集、存储、处理、分析，根据作物需肥规律、土壤供肥性能，建立配方施肥智能决策系统，在合理施用有机肥的基础上，提出氮、磷、钾等肥料的施用时间、数量和比例，从而解决作物需肥与土壤供肥之间的矛盾。

通过测土配方施肥系统，农民只要选择自己地块所处的空间位置和种植作物种类及产量水平，就能够获得科学的施肥方案，有效减少盲目施肥所带来的肥料浪费和土壤污染等不良后果。

(5) 农业灾害控制模块

针对农业自然灾害种类繁多的形势，系统建设农业灾害控制系统，开发相应预警模型，以达到防灾控灾的效果。系统主要建设模型有土壤墒情预警模型和病虫害测报预警模型。

通过土壤墒情预警模型，利用农业物联网示范工程监测数据，实现对农业灾害的有效预警和评估，及时准确地预测农业自然灾害，为政府防灾、减灾和救灾提供可靠的决策信息。

通过开发病虫害测报预警模型，结合地理信息系统的空间信息，测算受灾面积、判断受灾程度，估算受灾区域经济损失等；另根据对区域历史数据的统计分析，掌握区域灾害发生的基本规律、灾害程度，以便于对灾害发生趋势进行预测。

(6) 农业建设成果展示模块

农业建设成果展示模块可以直观地展示农业建设成果，有助于实现对农业基础设施建设的可视化管理，提高农业项目建设的管理水平。

系统包括现代农业示范区展示、农业技术服务机构展示、特色农产品展示、物联网基地展示四个功能模块。

(7) 运维管理模块

运维管理模块是维护、配置和管理山东省农业地理信息系统，保证其正常运行使用的管理系统，是系统运行维护的工具。以“集中监管、整体维护、统一管护、自动处理”的现代化运营模式为建设目标，实现统一监控和管理农业地理信息系统中的各类资源。通过记录运维系统的各项操作记录，可实现对农业地理信息系统修改记录的追溯。设置用户权限管理、设备管理、登录管理等，达到统一监控和展现的目的。

运维管理系统开发主要包括了四大管理模块：人员权限模块，日志、报表统计模块，设备、人员管理模块，监控管理模块。

12.5　基于地理平台的应用开发方案

(1) 平台接口设计和客户端设计

山东省地理信息平台基于 SOA 技术研发，提供了丰富的客户端开发接口和 API，基于这些接口和 API，系统将开发面向桌面（SuperMap 等）、面向 Web 应用（与业务系统集成）、面向 IE 浏览器的 WebService（与业务系统集成）的开发等客户端方案。

系统提供了丰富的客户端开发的接口和 API，包括：

1）核心 Server APIs，提供核心基础 API 和 Web Service 接口，方便用户与业务系统集成应用。

2）Web ADF 开发框架，构建 Web 应用程序，方便用户与业务系统集成应用。

3）JavaScript APIs、Flex APIs 等，构建纯浏览器的客户端应用，方便用户进行业务系统的集成应用。

4）丰富的帮助文档，包括山东省农业地理信息平台的开发和管理文档，全面支持 J2EE、.NET 以及 Visual Stadio 2008 和 Visual Stadio 2010 等开发环境。

农业地理信息平台建设专门的数据发布服务器，提供对最终用户的数据发布，并提供专门的数据接口，供相关业务部门进行二次集成与开发。

（2）集中的“空间信息资源门户”展示

基于 IE 开发“空间信息资源门户”系统、WebGIS 服务资源的浏览器等，实现一个小型的展示系统，集中展示系统的所有功能，包括数据查询、浏览、叠加专题图层或制作专题图等操作。

系统基于山东农业地理空间信息共享服务平台的 WebService 接口、Web 应用接口（JavaScricpt APIs、Flex APIs）开发，实现农业空间信息共享服务平台各类资源的目录查看、元信息查看、服务和数据资源的 GIS 浏览、图文查询、叠加专题图等操作。

（3）与用户业务系统的集成

通过山东省农业地理信息平台提供的二次开发接口和开发控件，可以很方便地与用户业务系统进行集成，从而为业务系统提供农业地理信息应用。

（4）标准与规范体系

在地理信息平台建设过程中，将针对数字化的农业管理建设的实际需求制定相应的技术管理标准规范体系，必要时应颁布相关的法律法规。

12.6 部署与安装设计

山东省农业地理信息平台采用集中部署的方式，统一部署在山东农业厅信息中心的机房内，作为农业应用服务平台的一部分，为全省和各县/市的农业信息综合服务以及其他业务系统提供农业空间地理信息的数据和功能服务。需要说明的是各县（市、区）农业局并不存储二维矢量数据、栅格数据，这些数据由省统一制作好后，由省信息中心统一发布和共享给县/市农业局应用。

1）数据库服务器　由两台双机热备组成。推荐的主要软件运行环境环境为 Unix (64bits)+SuperMap SDE 10.1+Oracle 11g(64bits)。山东农业的二维矢量和栅格数据主要存储在 Oracle 数据库中，而山东以及各市/县的三维地表模型和农业工程等三维模型数据主要以文件的形式来存储。

2）二维 GIS 应用服务器　推荐的主要软件运行环境环境为 Windows 2012 Server+Super Map Server。

3）农业地理信息平台应用服务器　推荐的主要软件运行环境为 Windows 2012 Server+SuperMap Server。

山东农业地理空间信息共享服务平台主要部署在服务器端，其部署方案如图 12.5 所示。

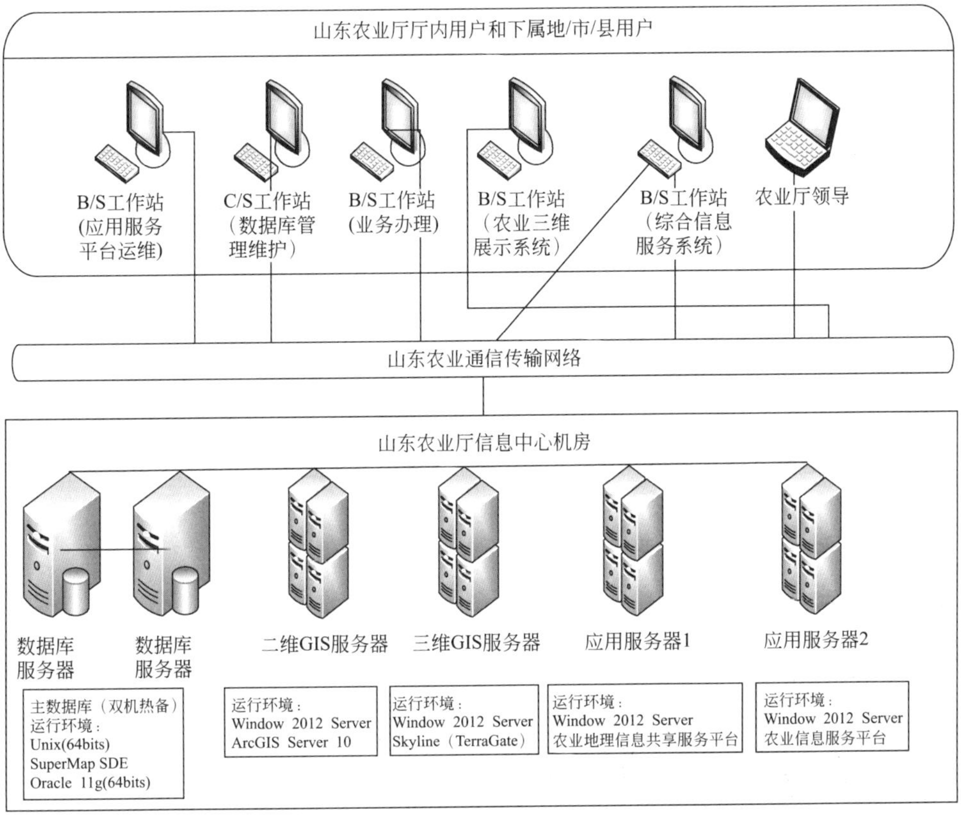

图 12.5　部署方案

12.7　平台服务应用模式

农业监测服务平台提供了地理信息服务注册和服务发现的机制，通过这两种机制的应用，可以利用其他服务资源，使农业空间信息资源在更大范围内得以共享。

同时平台对这些“聚集”的服务资源提供了多种的服务模式，总体上分为在线应用模式、集成应用模式和开发应用模式，在线模式可细分为展示应用和 PaaS 应用，平台服务应用模式如图 12.6 所示。

（1）在线应用

在线应用模式是农业地理信息平台的空间可视化展示系统，提供各类数据服务、通用功能服务、专题应用功能等。另外在线应用提供了展示功能，可用于会议大屏投影应用的场景。

在线应用模式无需开发直接进行应用，具有应用便利、成本低的特点，该模式比较适合个人用户或者临时性任务（项目）应用。

（2）应用集成

集成模式是将多个 Web 系统（页面）逻辑上整合成一个 Web 系统的应用模式。具体操作上，用户可通过 PaaS 服务系统创建一个新的 PaaS 应用系统，然后将其他系统 B/S 的功

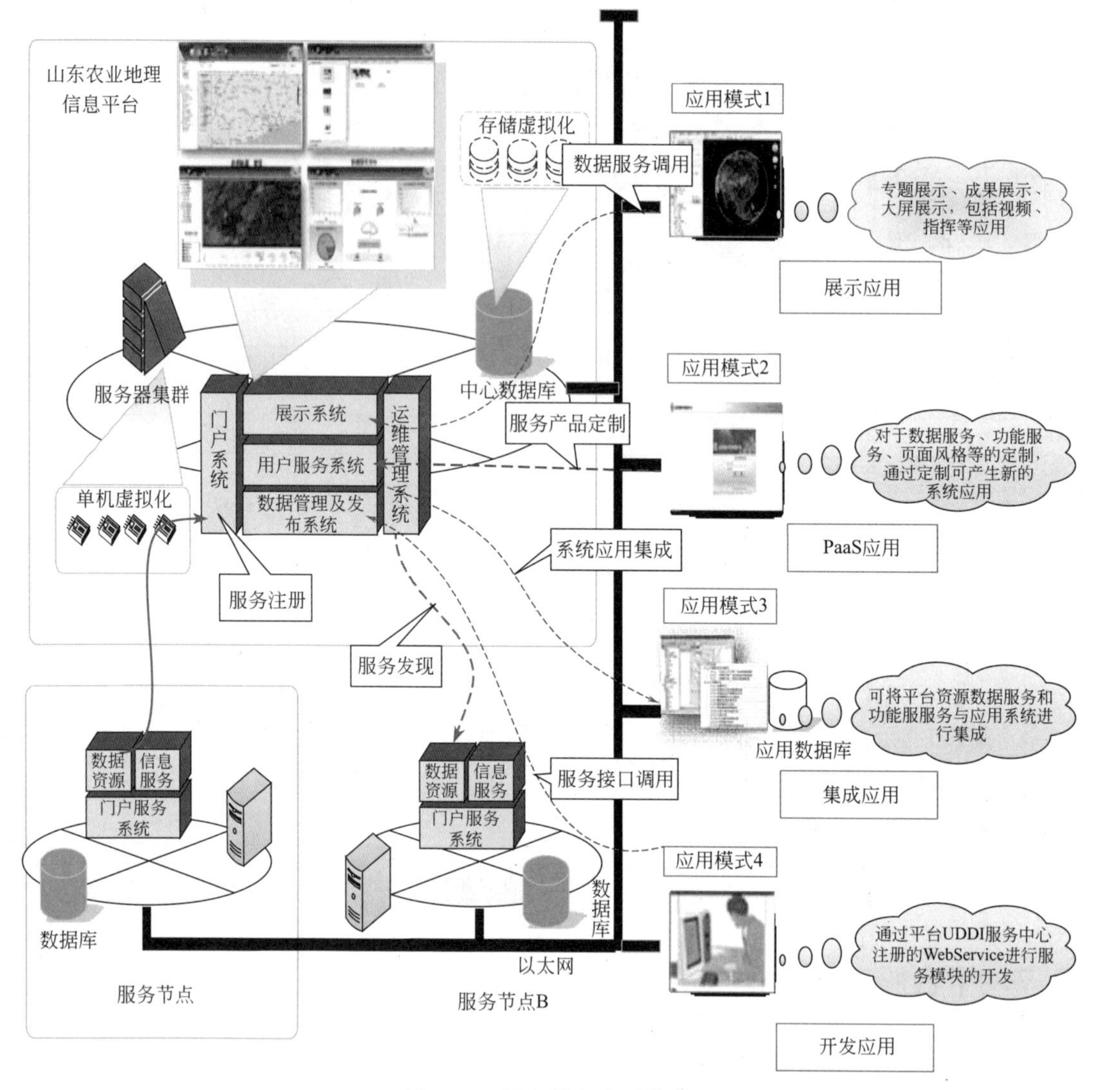

图 12.6　平台服务应用模式

能（有独立页面，能够被引用）与搭建的 PaaS 应用系统进行 Web 集成。

集成应用需要通过 PaaS 应用系统提供的权限管理模块配置。此类应用基本无需开发，比较适合业务部门一般性的单业务信息集成相关的应用。

(3) 开发应用

开发应用是通过平台提供的 API 接口，结合需求进行二次开发的应用模式。该方式应用灵活，可以将平台提供的插件在其他应用系统中集成，也可以通过 API 开发新的功能服务模块扩充平台服务资源。

在线开发模式需要平台 SDK 开发包，需要相应的成本，适合开发人员或者专业人员使用。

第13章

农业大数据集成与融合

13.1 大数据采集和应用

农业生产在我国经济社会发展中占有很大比重，农业大数据技术的研究与发展是我国农业健康发展的保障之一。目前用户获取农业信息资源可以通过查找农业信息门户网站和数据库等来实现，但是由于农业信息的发布机构不同，提供的操作程序和操作界面也不同，用户对自己需要的农业基本信息不一定能及时获取；在不同的农业信息门户网站和农业数据库中，信息是分散、零散和独立的，存在着“数据沉睡”和“信息孤岛”等现象，数据很难形成规模化，这一点限制了信息查询的效率，也不方便信息资源的整合与挖掘。

随着大数据与农业融合发展，在农业生产领域中，用户能够及时掌握所需要的信息，熟悉国家政策，了解市场行情和产品种植方法，这将在一定程度上减少信息不对称的现象，从而避免农业生产上不必要的损失。实现农业信息资源的整合利用，对提高农业信息服务水平有重大意义。

培育大数据农业发展新模式，整合庞大、杂乱、无序的数据，集成与融合其中有效的农业数据，不断提高农业大数据技术水平，将为我国提升农业竞争力、发展现代化农业提供坚实有力的保障。

（1）应用现状

推进农业大数据的集成与融合是农业大数据发展的重要方向，在当前阶段，在以下几个方面具有显著的成效：

1）农产品产业监测和宏观调控。

2）全产业大数据共享，打造现代化产业链生态体系。

3）基于大数据的农产品质量安全溯源体系，打造品牌农产品发展的基石。

4）农业生态环境统筹监控，形成绿色农业发展的环境。

5）通过大数据共享平台，促进农业乡村游行业的不断发展。

在当前的技术发展水平下，大数据平台的基本架构分为大数据采集和大数据应用。

（2）大数据采集

一个大数据平台的数据来源主要分为内部数据和互联网数据。

内部数据：是指一个系统中，通过自有设备采集和统计的数据，具有精确性和有效性，但也有较强的局限性，通常存在于特定的业务系统中，能够在每一个业务子系统中支撑起所有的需求，但只能作为大数据系统中的某一个或者某几个数据节点。由无数节点集合与融合共同形成一个大数据平台，比如城市政务信息、国家身份信息系统就属于聚合多个子系统共同形成的大数据平台。

互联网数据：互联网上的“开放数据”来源，广泛存在于电商平台、论坛、门户网站、百科、资讯，政府机构、非营利组织和企业免费提供的数据等各种类型的互联网平台。具有内部数据无法企及的数据量，但也有针对性弱、无效数据筛选困难、数据利用时间成本大等问题。在海量的互联网数据中，平台需要精确地判断出什么样的数据才是平台所最终需要的内容。

针对内部数据和互联网数据的不足，对数据的分析、采集需要用到一种技术——网络爬虫。网络爬虫又被称为网页蜘蛛、网络机器人，它按照所给的一定规则，自动抓取互联网信息，具有强大的数据采集能力。

（3）大数据应用

在数据采集的基础上，利用数据过滤、数据分组、数据分析、技术融合等将大量的数据充分合理地利用起来。

1）数据过滤　针对互联网数据种类繁多、庞杂的特点，不可能也没有必要将每一个需求的数据在采集层面就进行处理，所以大数据应用的第一个阶段就是数据的过滤，建立有效性判断，精准数据聚合，排除无关无效数据，通过构建一个可维护的知识库，对其中的特征、相关逻辑进行智能过滤，保留所有知识库的相关信息，进一步缩小数据范围。

2）数据分组　对当前数据采取分类、分组、分级等有效性处理措施，将大量的数据划分为各个层面上具有特定范围的数据，此时的数据将会第一次与具体的业务需求产生联系，确保后续使用过程中有的放矢，精确投放到指定位置。

这个阶段中也诞生了应用最广泛也是最有效的农业大数据集成与融合的实例——GIS 农业平台。行政区划信息纵向可以将数据按照省、市、县等一级级划分，横向可以进行各省、各地市、各县区等层次的比较。GIS 平台具有直观、可控、定位准确等优点，现阶段市面上很多系统都会与 GIS 相结合，都有成熟的使用方案。GIS 在农业管理、生产、经营方面普遍应用，与农业领域其他学科的发展相互促进。

3）数据分析、技术融合

数据作为一种信息的存储形式，只有与实际情况相结合才具有现实的意义。大数据与物联网是目前结合最为成功的形式。大数据技术应用涉及各行各业，如宏观经济管理、工业、农业、商业、金融、健康医疗等。例如“淘宝 CPI”通过采集、编制淘宝网上热销的 390 个类目的商品价格来统计预测某个时间段的经济走势；通过对手机农产品“移动支付”数据、“采购投入”数据和“补贴”数据分析，可以准确地预测农产品生产趋势；消费者在网上购买商品后，电商平台留下消费记录，并提供信息给商家；银行通过追踪用户的活动轨迹，设定高价值商业性业务，再通过大数据对客户需求进行体验分析。

13.2　大数据集成与融合平台设计

（1）基础模块

大数据集成与融合的基础模块是网络爬虫、分布式数据库模块。在农业大数据中，通常采用 AI 自动策略网络爬虫。它是通用网络爬虫的问题改进版本，事前设计具有反馈机制的自主进化爬虫策略，整个爬虫系统根据该策略，不断地调整“爬取”的通信地址（URL），可自主挖掘、回溯分析、过滤、索引、优化。由于具有不断进化的能力，这种爬虫解决了过去网络爬虫系统数据冗余大、爬取速度慢、结果精确度低、不可重复利用等问题。

世界上不存在永远适用的系统，对于爬虫来说也是这样，所以对于农业大数据来说，往往需要在此基础上，针对农业相关领域的特点，设计更加专业的高性能农业大数据网络爬虫，并且不断优化策略，来适应未来农业大数据的需求。

分布式数据库是指利用高速计算机网络将物理上分散的多个数据存储单元连接起来组成一个逻辑上统一的数据库。分布式数据库的基本思想是将原来集中式数据库中的数据分散存储到多个通过网络连接的数据存储节点上，以获取更大的存储容量和更高的并发访问量。采用分库分表方式提供可扩展的服务容量和存储容量，采用数据库代理方式提供数据透明访问及平滑扩缩容能力。

这两者都具有高扩展性、高并发性、高可用性等优点。对于大数据平台来说都是切合需求的关键特性，二者的集成与融合能够更好地保证平台的稳定。

(2) 性能模块

为了能够处理庞大的数据量，并且能够在维持整个平台稳定的前提下处理庞大数据量，最有效地减小平台本身存在的影响，平台本身需要具有高强度的内存和存储管理模块。在此基础上实现两个模块：高性能队列、内存程序池。

在大数据并发中，高性能队列是一种必需的技术手段，当遇到农业垂直网络爬虫时，会出现处理批量任务的情况，应对这样的情况，如果程序共同去执行任务，会导致系统压力逐步递增，当任务达到数以万计的数量时，系统会发生崩溃。这时需要一种较好的机制处理正在等候的任务，这种高效的处理机制叫做排队。在小规模的数据范围内体现不出排队的明显作用，在大规模数据范围就会体现出它保证系统可控性和稳定性的优点。

大数据领域通常会采取内存作为直接或间接存储形式参与到整个平台中。在队列堆栈的基础上，开辟专用的内存程序池，对解决频繁申请与释放造成的内存碎片问题有很大的帮助，有效提高整个平台的稳定性。

(3) 专家系统

为了提高整个系统的扩展能力，需要精心设计一个专家系统，在海量的数据中提取所需内容。对于农业大数据集成与融合平台来说，为了避免大量无用数据的出现，需要一个机制来进行数据的过滤，其中的基础就是作为核心的专家库。

(4) 网络模块

为确保大数据的正常传输，网络环境是外部业务系统使用需要面对的关键问题。将数据推送给具体的业务层，将会面临数据的传输问题。对于传统平台来说，由于数据量不大，网络往往不会成为瓶颈或主要瓶颈，但是对于大数据平台来说，数据量的增加导致数据传输速率会成为主要的瓶颈，网络模块成为制约一个大数据平台使用的关键因素。

优秀的网络模块要保证以下几点：

① 超大带宽的网络。带宽是网络状况的第一要素，没有足够的数据吞吐量，就没办法保证平台的数据正常高速传输。

② 稳定的网络运营商。在保证网络性能的基础上，能否稳定长期地提供支持也是要重点考虑的情况，一方面是运营商能否长期运营，另一方面是提供的网络能否在长期内稳定地保证带宽的需求。

(5) 平台部署环境

当前各大互联网企业在大数据平台方面，都采用了分布式部署的方式，这种方式能够尽可能缩短数据传输距离，更好地降低数据节点与用户端的延迟问题，另一个方面也能够提高数据的安全性，避免了单一设备问题对整个平台产生致命性威胁。

目前有两种主流的环境部署方式：一是自建服务器集群，优点是具有完全自主可控的整体环境，能够按照需求自有定制和部署，缺点是需要专业的维护人员和高昂的设备维护成本，适合于具有充足资金和充足技术人才的大型公司。第二种是云端部署，租用具有良好信誉和优秀技术实力的公司提供的云服务，优点是部署简单，不需要太多的维护人员和维护资金，缺点是无法充分自由地定制，很难进行环境的变更，适合于中小型公司简单部署。

13.3 面临问题与未来展望

农业大数据的发展已经取得了初步的进展，有了现代化农业的基本框架，但是还存在着大数据收集困难、数据精准度较低、应用价格较高、人才短缺等问题。

(1) 面临的挑战和机遇

现在的农业大数据发展面临着数据采集基础设施不完善、农业大数据人才匮乏、大数据共享度低等问题。

实现农业大数据发展的先决条件是基础设施的完善，而我国农村的互联网普及度较低，经济发展相对落后，这一现状极大地阻碍了农业大数据的发展进程。

人力资源是农业大数据发展的保证，需要精通农业并了解大计算机、农业信息化等方面的复合型人才来执行相关工作。由于农村地区的发展滞后，高技术人才往往不愿意从事农业大数据工作，大量农村人口向城市人口流动导致农村人力资源不足。

各部门数据采集标准和规模不统一，数据之间很难形成共享，产生众多信息孤岛，数据利用率低。在技术上，还面临着数据异构性、数据实时性、数据挖掘能力等方面的问题。

数据异构性：农业大数据涉及耕地、育种、播种、施肥、收获、植保、储藏、农产品加工、运输、销售、畜牧业生产等多环节、跨行业、跨专业的多元数据，其中的每一部分又包含了来自各种射频设备、传感器、数据中心、移动终端等不同数据源。如何对这些异构的数据进行统一的储存和管理将影响农业大数据发展的步伐。

数据实时性：在大量的农业数据中，有些数据对实时性要求特别高。随着时间流逝，数据的价值会迅速衰减，例如天气、环境状况的相关数据，这些数据如果不能及时分析反馈，很可能就导致农业生产发生重大的损失。由于数据在短时间内发生变化较大，能否在可以接受的时间内完成指定要求的数据分析成为一个衡量标准。

数据挖掘能力：农业大数据的异构性导致农业数据具有类型多样和数据集过大的特点，传统的数据挖掘算法并不能很好地解决农业大数据的挖掘问题。另外，农业大数据处理实时性特点使得算法的准确率不再是主要指标。农业大数据的挖掘能力需要在实时性和准确率之间取得平衡。

现代农业应当跳出传统的信息系统思维的约束，将农业的信息化边界放在一个信息化的“巨系统”下思考。借助大数据技术可以使农业摆脱以往只能将有限的资源放在重点领域检测的束缚，从而实现对现代农业的全方位检测，真正使现代农业走向“智慧农业”。

(2) 未来展望

随着物联网的快速发展，数据量也呈指数增长，不仅要求海量数据的可靠存储，还需要系统支持大数据的快速访问。在农业大数据领域产生了以下几种大数据与物联网结合的产物：精准生产、精准种植、智慧灌溉、智能节肥、生态管理、农产品安全、设备监控、科学研究等。

农业大数据立足当前，与现阶段成熟的技术相互集成，相互融合。大数据与物联网是现阶段结合最为成功的方案，大数据面向理论，物联网面向应用，相互促进相互成长，在具体环境中相互结合，共同解决遇到的问题。但是目前所出现的大数据与物联网的结合还有局限性，在简单架构中应用较多，对于复杂结构，因为精确度和实时性不够高，无法完全替代人工的参与。

随着移动互联的不断发展与未来 5G 技术的普及，毫米波、Massive MIMO、全双工、低延迟、高带宽等特性成为众多行业押注未来的关键点，技术的进步将解决现阶段大数据应用无法解决的众多问题，农业智能化将会在未来逐步成为现实。

发展农业大数据，除了技术方面的进步以外，还需要与众多其他行业进行不断的集成与融合，需要各方共同努力。农业生产人员要积极拥抱大数据带来的改变，学习相关知识。各级部门应培养和引进大数据相关人才，积极地开拓和应用大数据，参与到农业大数据平台的建设中来。

农业大数据面向未来，集成与融合多种前沿、面向未来的技术，不断地开拓新的应用场景。在可预见的未来，随着技术的不断进步，大数据的规模也会随之不断扩大，结合 5G 时代高性能的互联能力，将会真正实现“无人”种植、精确灌溉、精准施肥、单一终端管理全部设备。

第14章

农业物联网示范项目和前景展望

14.1 项目应用示范案例

山东省德州市陵城区德强农场节水灌溉高产示范区项目位于滋镇，项目建设泵站8座、地下水位监测站1处、气象站监测站1处、土壤墒情监测站13处、视频监测站18处、水肥一体化泵房1座、配套水肥一体智能控制系统1套；示范区高效节水灌溉面积10000亩，见图14.1。其中，指针式喷灌机灌溉面积2932亩；卷盘式喷灌机39台，控制灌溉面积6768亩；固定式喷灌控制灌溉面积300亩。实现节水28.8%～30.0%，减肥34.25%，增产11.09%～14.79%。德强农场节水灌溉信息自动化系统是首例采用山东省智慧灌溉云系统、安装智能水肥一体化管理设备的节水灌溉项目。系统对促进农场的生产发展，降低生产成本，提高农作物产量等起到了十分重要的作用。

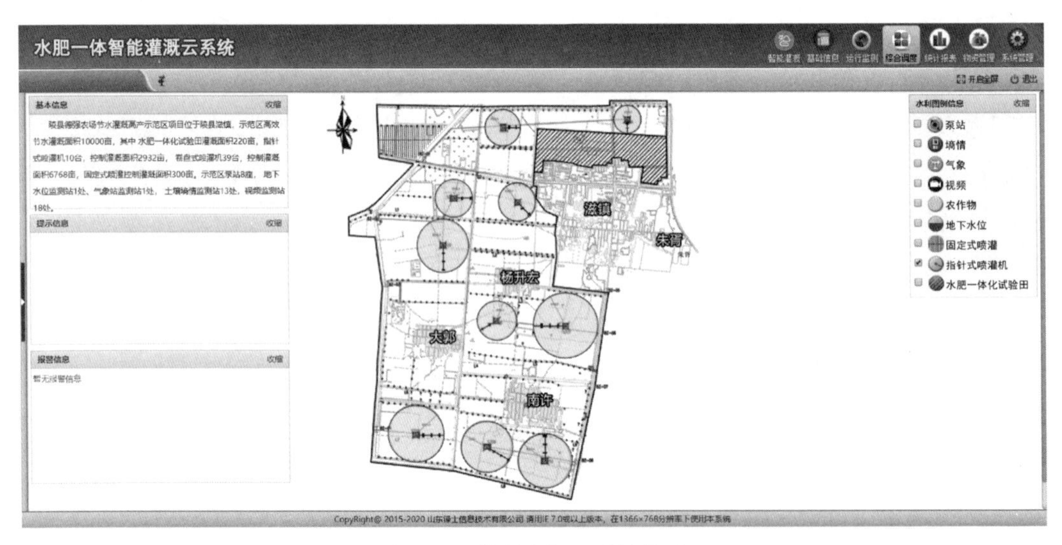

图14.1 德强农场云系统展示

山东省莱芜市致远林果专业合作社位于钢城区辛庄镇蔡店村，项目建设内容包括：气象站监测站1处、土壤墒情监测站1处、视频监测站27处、新建泵站5座、铺设管道250.1km、建设信息化管理系统1处、建设水源泵房1座、首部泵房1座、水肥一体智能管理设备一套。该合作社拥有林果基地总面积3000亩，依托高效节水灌溉示范项目，实施灌溉面积1000亩，其中小管出流灌溉面积820亩，微喷灌面积180亩。实现节水30.0%～54.3%、减肥23.3%～40.7%，品质得到提升，优质果比例有所提高。致远林果农场云系统展示见图14.2。

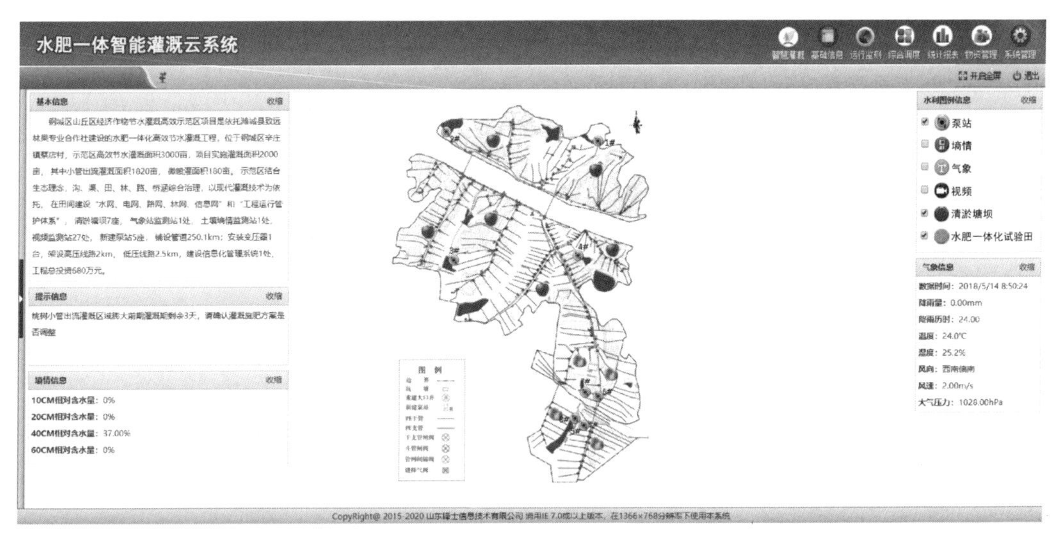

图 14.2　致远林果农场云系统展示

山东省梁家河流域千亩生态果园水肥一体化示范工程位于延川县文安驿镇梁家河村山顶上，总施工面积达到 1000 亩，受益农户 126 家，是一项依靠现代科技成果提升农产品质量的重要示范工程。梁家河项目通过水肥一体设备，帮助梁家河果园实现定时定量的灌溉和施肥，将肥料和灌溉水均匀准确地输送到作物根部，提高水肥利用率，大大节省人工成本，抑制面源污染，有效保障农产品安全，提升果品质量。

新疆喀什伽师县奥都农场沙壤土，2018 年 3～11 月种植硕杂棉 2 号棉花 30 亩，见图 14.3，灌溉方式采用膜下滴灌，项目建设内容包括：墒情监测 1 处、视频监控 4 处、水肥装置 1 套、自动控制 1 套、管理软件 1 套、手机软件 1 套、主管道 200m、滴灌带 24km。棉花示范田实现节水 22%、减肥 22%、增产 8%。

新疆喀什麦盖提县恰斯部队农场沙壤土，2018 年 3～11 月种植新陆中 59 号棉花 40 亩，

图 14.3　新疆喀什伽师县奥都农场棉花种植

灌溉方式采用膜下滴灌。采用智慧种植技术最终实现节水26%、减肥23%、增产17%。

山东德州临邑县亿丰农场中壤土，种植4年生永莲1号桃树15亩，传统灌溉方式采用地下水漫灌。2018年3～9月进行智慧水肥管理，项目建设内容包括墒情监测1处、视频监控8处、水肥装置1套、自动控制1套、管理软件1套、手机软件1套、主管道180m、微灌管道2950m。使用水肥一体化桃园节肥、节水、节省人工，并且产量提高，品质也有所提升，节水50%，减肥30%，增产1.9%，水肥管理省人工56%，果品糖度提高13.27%。

14.2 农业物联网发展面临的机遇与挑战

从1982年到2018年，我国连续出台了20个关于“三农”的中央一号文件。这些文件是我国农业农村发展的重要指引，是党和国家重农强农惠农富农政策的体现。农业部发布的《全国农业可持续发展规划（2015—2030）》中提到，到2020年，农业科技进步贡献率达到60%以上，主要农作物耕种收综合机械化水平达到68%以上。

农业物联网的应用，将有效地提高我国农业生产、加工、物流、交易、消费等环节的革新和提升的速度，对提高农产品产量，提升农产品品质，增加我国农产品附加值与竞争力，保护农业生态环境，加快农业生产管理精细化、生产方式智能化、经营网络扁平化、技术服务远程化，保障农产品安全防伪认证，保持农业产业可持续性发展，稳定农业发展和粮食生产起着重要作用。农业物联网技术对于提升和改造传统农业至关重要，是带动农村经济快速增长、促进产业结构调整、发展战略新兴产业的有效手段。

随着农业部《“互联网+”现代农业三年行动实施方案》的稳步推进，我国在农业物联网、农业电子商务、农业大数据及信息进村入户等方面取得了许多重要的技术突破。近年来，国家和地方开展了多项农业物联网的示范与应用推广项目，农业农村部与北京、上海、江苏、新疆等地方政府合作进行了一系列农业物联网应用试点示范工程，在各个农业产业链环节形成了一大批优质的农业物联网软硬件产品，为我国农业物联网技术的应用与推广发挥了巨大的作用。

在互联网基础上发展起来的物联网，已成为各国促进经济发展的一项重大工程。物联网的出现会让整个互联网及其他网络体系发生改变，从而创造出更大的市场需求，带动科技创新，促进经济增长。在发达国家，利用农业物联网智能控制系统，可以实现几个人管理大农场、少数人就能创造较大的农业产值，技术发展带来的红利显而易见。对比欧美发达国家，我国的农业物联网尚处于起步阶段，在核心技术研究开发、新型农用传感器制造、网络互联互通等方面还存在着一定的差距，尚未真正实现产业化。

（1）农业物联网发展面临的机遇

目前我国农业发展存在的问题是农业资源利用效率低、农田面源污染重、农业可持续性发展受到诸多影响，农业物联网技术的发展将从根本上改变传统农业的发展模式，给现代农业发展带来前所未有的机遇，为我国农业从传统农业向现代农业转型提供重要助力。

1）物联网技术为农业标准化生产带来新机遇　农业物联网依赖传感器技术实时感知农田生产信息，根据作物生长规律提供最佳生长环境与水肥调控方案。与传统农业小环境大差异、水肥管理粗放相比，通过物联网技术可以大幅缩小不同区域生产出农产品的差异，提高农业标准化生产程度和生产效率，大幅降低农业生产资源消耗，对农业的工厂化生产有重要价值。

2）物联网技术对打通农业各产业链发挥重要作用　现代农业的发展已不仅仅是在某一环节上进行技术变革，互联网+、物联网等信息技术在农业产业中的应用范围广泛。生鲜农产品电商、现代化农产品物流、农产品安全追溯、游戏型网络真实开心农场、网络观光等相关技术层出不穷。物联网技术的介入，使得过去关联度不高的农业各产业链变得紧密相连，为深入融合第一、第二、第三产业贡献巨大力量，为农村经济发展、农民生活改善、农业生产发展注入新的活力。

3）物联网技术让休闲观光型农业发展有了新生机　农业物联网技术让农业生产信息化、自动化速度加快，同时也使得农业生产与休闲旅游观光在虚拟现实等技术之下紧密融合。结合 3D、VR 技术充分展现农业种植与休闲娱乐一体化，让游客或消费者体验到物联网的魅力，为现代农业发展提供新的机遇，增加就业、创业机会。

（2）*农业物联网发展面临的挑战*

我国农业物联网经过这些年的发展初具规模，利用物联网技术培养了不少农产品电商，创建了一些农业物联网示范基地，建设了农业物联网大数据综合服务平台，吸引了各方资本和创新要素向现代农业聚集。同时，我国物联网技术基础还很薄弱，应更好地应用物联网技术，促进农业产业转型，加快农业供给侧结构性变革，营造现代农业生态新环境。我国农业物联网技术的发展还面临以下几个方面的挑战。

1）强化科技支撑　我国农业物联网技术与发达国家相比尚处于初级阶段，目前尚未建立起一套既符合国情又有较强针对性的物联网技术和理论体系，特别是核心理论、关键设备的研制等，还是欠缺统一的理论框架和突破性进展，缺少成熟应用的案例。在关键设备的研制方面，目前还没有精准灵敏的小型化、集成化和多功能化国产优质农用传感设备。

农业物联网由感知层、传输层、应用层三个层次组成，其中感知层技术的提升是最难攻克的难关，也是最重要的技术。就目前我国农业物联网自主研发水平来看，产品性能还不能够满足使用要求。种植业使用的作物养分感知传感器、土壤养分传感器、病害传感器，水产业使用的养殖水体检测传感器等专业的农业传感器大都依赖进口，而传感器是实现农业智能化控制的基础，因此，我国农业物联网产业若想蓬勃发展，就必须加快传感器等基础研发，深入研究传感机理及进行相关产品的开发工作。

2）建立规范、统一、针对性强的应用标准体系　我国还未成形大范围、层次分明的农业物联网标准体系框架，应用标准零散、有缺失、不统一；农业物联网的急需标准和重点标准的制定与产业应用结合不紧密，缺乏统一的农业物联网应用标准规范，从而影响了信息资源的互通共享，导致信息采集渠道多样化、表达方式复杂化，使得农业物联网的优势发挥不够显著，甚至导致农业物联网建设资金的浪费。因此，尽快建立统一的物联网应用标准体系和应用标准规范，加快研制适应我国农业现状的相关物联网产品，才能有效提升我国自主研发水平及能力，整体提升我国农业物联网产业的发展水平。

3）建立成熟的应用模式　当前我国农业物联网项目尚处于简单套用物联网在工业领域中做法的起步阶段，绝大部分都是政府示范项目。大部分项目还没有经过市场的检验，很难预测是否能够真正调动农户和农业企业的积极性。农业属于微利行业，而农业物联网项目的实施及维护耗费资金数额较大，包括传感器硬件设备的布局、软件平台的建设、控制设备的搭建都需要投入较大的资金。农业经营主体选择物联网技术及产品，还是有着成本高、经济效益不明显等风险。因而，能否找到一种可持续、能赢利、易推广的应用模式，是推动农业物联网从示范推广走向全面应用的关键。

4）建立健全政策法规体系　目前，我国的农业物联网项目多为政府示范项目，是典型的"政府搭台、企业唱戏"的应用模式。农业的政策扶持多为农机设备购置津贴或者用于生态循环农业发展，支撑农业全产业链物联网应用的政策较为单薄，综合运用补贴、投资、金融、信贷、税收、项目建设等方式的支持政策体系未建设全面。

5）提高农业物联网服务型人才的素质　农业物联网技术的快速发展，是传统农业向现代农业转变的有力保障。为了使农业物联网在农业变革过程中发挥更好的作用，必须要有一批高水平的农业技术人员做保证。目前我国的农业技术人员文化水平普遍偏低，对农业物联网的认知有限，重视程度不高，缺乏高新技术的应用能力，而广大的农户、农民更是对农业物联网知之甚少。农业技术人才匮乏导致农业物联网项目推广受阻。如何提高农业从业人员素质和技能，如何让广大的农民和农业企业看清农业物联网的应用效果和可能带来的商业价值，是农业物联网发展必须解决的关键性问题。

14.3 农业物联网发展需求与趋势

当今时代，科技进步日新月异，农业产业与高新技术、最新理念的融合程度也在不断加深，农业物联网的发展也更加迅速，目前我国农业领域物联网应用已经涵盖了农业资源利用、农业生态环境监测、农业生产运营及管理和农产品质量安全监管等范畴。伴随着物联网技术的发展和突破，其应用模式逐渐完善，应用的方式方法不断革新，农业物联网将全范围地在大田种植、设施园艺、畜禽水产养殖和农产品物流等农业相关领域进行应用。伴随着物联网技术的成熟和普及，未来农业物联网也将迎来新的变革和空前的发展契机。

（1）农产品溯源系统全程化追踪

随着人们对食品安全重视程度的提高，农产品溯源系统全面发展。农产品质量溯源系统能够准确追踪农产品的生产过程、加工过程、仓储及运输过程和销售过程，因此加快建立农产品质量追溯系统，将能够有效提高农产品质量安全的把关力度和必要时产品召回的可能性。农产品的溯源系统需要供应链各环节共同参与，提供农产品生产过程中产品信息及其属性信息等；需要各环节就有效的标识达成一致，形成普遍共识，以保证溯源系统的信息内容、监控链条、参与主体的完整性。溯源系统可以对农产品的生长过程和产品加工过程进行全过程动态监控，通过互联网技术将监测数据实时上传至服务器；可以对仓储、运输及销售环节实现全流程数据共享与透明管理，从而实现农产品全流程可追溯，提高了农业生产的管理效率，促进了农产品的品牌建设，提升了农产品的附加值，让人们通过溯源系统对农产品生产全过程实现更多监控，对食品安全更有信心。

（2）农业生产呈现更优化的集成

发达国家的精细化农业生产不仅成本低廉，省时省力，还能保证农产品的生长环境最为适宜，增产增收。我国农业从业人员多为散户，农业生产方式以粗放型为主，集约度较低。我国物联网技术在农业生产上的应用多为单项，应用成效远未达到精细化，应用领域较为单一。随着物联网技术与大数据技术的不断融合、技术集成的不断优化，物联网技术在农业生产上将逐步实现全过程应用，实现实时传感数据采集、智能分析、联动控制、质量监控等，实现精细化管理的应用成效。农业大数据能够很好地提供实时的、精准的、全过程的信息服务。通过对比传感器采集的实时数据，能计算出农作物生长所需的最佳温度、湿度、光照和所需的营养信息。智能分析和联动控制能够精准地满足农作物生长环境的各项指标。通过摄像头实时远程监测大棚内部农作物的生长情况，通过无线传感器网络实时采集大棚内部温度、湿度和光照数据、土壤水分，通过无线远程控制大棚内部设备，并用无线通信实时显示播报生态区的监测信息。物联网技术集成应用于农业精细化管理，有助于实现我国农业生产的现代化，是当今世界农业发展的新潮流。

（3）农村网络更加互联互通

宽带基础设施在农村的建设日趋完善，逐步实现高速宽带全覆盖，4G 网络不仅提速、价格也更为低廉，老百姓使用智能手机、无线设备等移动终端设备的越来越多。伴随 5G 时代的到来，5G 网络将全方位开展应用，日趋成熟化，虚拟网络技术、VR 技术、智能移动终端设备等将会和人工智能、自动驾驶等跨界融合。未来的十年，将是农业物联网的高速发展阶段。不断成熟的物联网技术、物美价廉的电信普惠便捷服务、操作便捷简单的智能移动终端设备，将使农业农村网络的基础设施建设更完善，移动互联网会变成农村网络基础设施的主流，这些都将成为农产品销售互联网化的有力保证。农产品的出售在互联网环境下会进一步扩大，展现出全渠道融合、跨境电商化和产业生态融合等态势。以新型农业经营主体为生力军、以电子商务为主流业态的创新模式将成为我国“互联网$^{+}$”现代农业发展的重要切入点，驱动非标准化的农产品逐渐向信息化、标准化、品牌化的现代农产品流通市场转变。

（4）农业节能应用全方位展开

物联网技术在农业节能环保领域的应用从早期的节水灌溉，发展到广泛地应用于农业清洁生产等其他领域。利用物联网的先进技术对土地使用、土壤环境、作物生产进程进行监控，依据减量化、再利用、资源化的循环经济理念，实现节地、节水、节种、节肥、节药、节能等节约型农业生产，积极引导循环农业发展。物联网技术应用于以农作物秸秆为主要原料的肥料、饲料、工业原料和生物质燃料的生产以及畜禽粪便等农业废弃物无害化处理和资源化利用，实现农业生态保护和农业面源污染治理。基于物联网技术的智能化控制系统依据农作物的生长需要提供精准的水肥供给，既能保证农作物所需养分，又能有效节省水肥的使用量，节约成本，减少过量施肥对土地造成的伤害，进而减少能源和资源浪费、化肥污染，在农业节能减排、保护环境和发展低碳经济方面发挥重要作用，社会效益十分可观。

14.4　农业物联网发展对策与建议

农业物联网发展的关键是能否与中国农业的实情相结合。应通过不断的实践探索，创新性地解决农业互联网的核心技术及共性技术。创新是发展的第一动力，简单、纯粹、机械式地复制发达国家的农业互联网技术，不可能找到我国农业物联网的真正出路。应结合中国农业国情，走出一条具有中国农业物联网特色的创新之路。

近年来，我国农业物联网技术发展迅速，然而与发达国家相比还存在差距，主要体现在关键技术不够成熟、在核心领域和核心技术上没有显著突破；没有将农业行业特色与物联网、互联网有机结合，依托优势资源，开拓农业和农村市场，将农业物联网的平台优势和技术优势发挥出来。今后需要在以下几个领域取得突破。

(1) 突破核心技术和重大共性关键技术

1) 传感和识别技术　提高传感和识别技术水平是农业物联网发展进步的重要前提，传感器件的灵敏度、精准度和适应性等重要指标要有所突破；要伴随着信息化、智能化、网络化程度的提高和制造业水平的不断发展，持续提高各类传感器适应外部环境的能力。要在算法优化和硬件升级上加大投入，建构起基于农作物生长环境（如光照强度、空气湿度、土壤温湿度等）的无线传感网络。要加快研发制造集多种测量元素于一身的全功能传感设备，在理论研究和实验测试基础上，尽快突破实用性和实效性，加快农业智能化进程。农业感知技术的难点在于提高其可靠性和灵敏度，要突破补偿技术、负荷技术、高精制作业技术瓶颈，向信息化、网络化、小体积、嵌入式方向发展。要在新材料应用和硬件制造方面争取重大突破，解决制约我国农业物联网发展中传感器方面的难题，提高农业物联网的普及率，保证中国农业发展向更加现代化的方向加快前进。

2) 信息传输技术和智能信息处理　农业信息传输技术在精细农业生产中具有广泛的应用，整体而言可概括为四个方面：空间数据采集、精准灌溉、变量作业、数据共享与推送等。低功率传输技术是攻克难点，需要在传输节点的集成化与小型化、网络的动态自组织、信息的分布式处理与管理的发展方面寻求突破。大数据技术、人工智能技术是加强农业物联网智能信息处理的重要推手。提高农业智能信息处理能力，关键要深而精地研究算法，深度及透彻学习算法，提升农业模式识别准确度、业务模型准确度、复杂农业变量间关系的知识表示准确度，攻克海量数据的分布式存储系统与业务模型在智能装备中的嵌入技术，发展流数据实时处理技术。

3) 推进信息技术和云计算技术的融合应用　通过优化网络编程与数据管理，进一步加强农业物联网的信息技术融合创新研发。综合采集国家农业农村政策、大气环境参数、农作物市场价格、生产资料供给分析等数据和信息，充分发挥农业物联网云计算和云平台存储在农业物联网中的特殊作用，为农业生产、消费供给、信息物联等提供大数据支撑。优化云端计算算法与云平台存储，不断提高数据管理与云计算编程模式水平。加快适用于农业物联网的云平台建设，分析和处理传感器采集到的海量动态信息数据，为农业物联网提供分析计算、数据存储等技术支持，将云计算范围延伸至农业需求领域，开展农业领域（例如农业基因测序领域）的云服务和云计算。打破行业、专业领域壁垒，在云服务和云计算中建立跨行业、跨专业的综合数据检索资源库，为政府决策提供依据。将气候数据、原材料价格、相关政策数据等数据建立云模型，准确预测农产品价格波动，提高农业生产科学化。

(2) 加快农业物联网标准体系建设

目前，我国农业物联网产业尚未形成完整的产业链，一些关键技术未有效突破，物联网各方孤军奋战、各自为政，高精尖企业严重匮乏，亟需制定统一的农业物联网行业标准，尽快明确农业物联网研发、管理和应用架构，推动核心技术攻坚和关键技术转化，实现产业链的完整与不断完善。相关技术涵盖地理信息系统、大数据分析技术、人工智能技术、传感器技术、智能控制系统、可视化与流程再造等。要重视农业服务与管理、农产品追溯和精准农业的技术研发与推广，通过建立一体化的产学研机制，充分发挥各自优势，推动农业物联网技术加快升级。设立专项基金、成立联合攻关小组，推动农业物联网关键技术产业化。通过校企合作、强强联合等方式，为农业物联网发展储备人才，进一步加快农业物联网行业发展，提高标准制定水平。

（3）加快制定农业物联网发展的产业政策

农业物联网行业应用前景广阔，是传统农业成功转型的关键所在，涉及政府、企业、农村等多个方面，需要多方共同努力、相互配合，进一步优化资源配置，促进农业物联网技术研发和推广应用。

政府部门应尽快制定相关政策和产业规划，共同推进农业物联网相关产业建设工作。农业物联网是一个农业、信息技术、智能控制等多学科结合的综合性较强的“交叉产业”，也是“边缘产业”，是在互联网基础上发展起来的高新技术产业。随着农业物联网应用的不断推广，需进行农业物联网全方位战略规划，加快相关各行业协同发展，促进农业物联网技术推广应用。

要优化农业物联网产业资源配置，扩大农业物联网产业规模。目前农业物联网建设多由政府管理部门主导，以项目建设为主。此模式造成地方性、区域性小规模企业较多，大规模企业数量较少。因此，政府需引导农业物联网产业资源优化配置，提升产业规模。同时，目前的农业物联网示范点比较分散，规模效益未能体现，示范效应尚不够显著。政府应在大量农业物联网示范工程建设的基础上，注重点面结合，以形成农业物联网应用体系，体现规模效益。

应重视扩展农业物联网的投资渠道，研究探索适合我国国情的农业物联网产业发展商业模式。农业物联网前期开发和建设投资大，需要大量的资金支持，政府应引导农业物联网项目多渠道投资。要有国际资金、国家计划、地方政府投入、企业扶植等多方面支持。在农业物联网建设的过程中，可根据建设项目的类型是社会公益性项目还是经营性项目的不同，制定产业投资优惠政策，即针对项目性质定制出不同投资方案和政策，找到合适的农业物联网商业模式，加快推动农业物联网产业发展。

（4）加快农业物联网实用型人才的引进和培养

实现农业物联网发展的稳定健康发展，需要大量引进及培养适应农业物联网发展形势的实用型人才。人力资源部门应制定相关人才引进政策，为农业物联网优秀人才量身制定人才引进优惠条件，吸引优秀人才投身农业互联网建设；同时，要制定农业物联网人才培养计划，设置农业物联网专业，加快培养既懂互联网技术、又精通农业专业知识的复合型人才队伍。大力支持企业与高校、科研院所间的合作，实行菜单式人才培养，并根据农业物联网发展状况以及企业实际需求，有针对性地重点培养农业物联网专业技术人才。发挥政府、高校、科研院所和产业链上下游企业等多方力量优势，出台长期激励政策，鼓励社会各界积极参与农业互联网技术行业升级，不断完善整个行业链条，让更多的项目、更好的技术落地，为新时代新农村建设贡献力量。

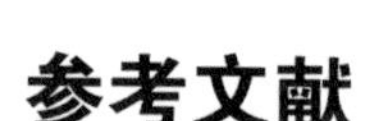

参考文献

[1] 刘海启. 以精准农业驱动农业现代化加速现代农业数字化转型 [J]. 中国农业资源与区划，2019，40 (01).

[2] 林红，李仕凯. 乡村振兴战略下集体林区新型职业农民培育动因探析 [J]. 林业经济，2019，41 (02).

[3] 扑面而来的工业 4.0 时代——各国物联网发展现状 [J]. 农经，2017 (11).

[4] 胡新和，杨博雄. 一种开放式的泛在网络体系架构与标准化研究 [J]. 信息技术与标准化，2012 (08).

[5] 李瑾，郭美荣，冯献. 互联网环境下现代农业服务业创新与发展：国内外研究综述 [J]. 上海农业学报，2019，35 (01).

[6] 梁万杰，曹静，凡燕，等. 基于 RFID 和 EPCglobal 网络的牛肉产品供应链建模及追溯系统 [J]. 江苏农业学报，2014，30 (06).

[7] 朱弘. 物联网技术的发展和在安防领域的应用研究 [J]. 中国安防，2010 (07).

[8] 李瑾，郭美荣，高亮亮. 农业物联网技术应用及创新发展策略 [J]. 农业工程学报，2015，31 (S2).

[9] 唐琳. 物联网体系结构与组成模型研究 [J]. 赤峰学院学报 (自然科学版)，2013，29 (02).

[10] 叶孙红，齐振宏，黄炜虹，刘可. 经营规模、信息技术获取与农户生态生产行为——对不同生产行为及农户类型的差异性分析 [J]. 中国农业大学学报，2019，24 (03).

[11] 刘丽伟. 发达国家农业信息化发展动因、特征及影响分析 [J]. 世界农业，2008 (12).

[12] 凌薇. “物联网+农业”如何迸发新活力 [J]. 农经，2018 (09).

[13] 王志诚，王殿昌，封文杰，刘锋范. 山东农业信息化工作现状与发展对策 [J]. 山东农业科学，2007 (06).

[14] 陆美芳，王一方，季雪婧. 未来中国农业科技创新人才队伍建设探讨 [J]. 农业展望，2014，10 (12).

[15] 许世卫，肖金科，段青玲，等. 对当前农业农村大数据发展的若干思考——基于山东、贵州调研情况 [J]. 农业展望，2016，12 (05).

[16] 廖建尚. 基于 IPv6 和异构无线传感网络智能网关型的农业物联网系统设计 [J]. 江苏农业科学，2018，46 (13).

[17] 吴小伟，陈新华，武文娟，等. 信息技术在农机技术推广中的应用 [J]. 中国农机化学报，2013，34 (05).

[18] 夏青. 农业物联网蕴千亿级增量 [J]. 农经，2013 (08).

[19] 葛磊，李想，吴祖葵，杨敬华. “互联网+”背景下农民专业合作社创新与发展探究 [J]. 农业展望，2016，12 (05).

[20] 葛召华，刘起超，刘玉峰. 基于云计算的水利物联网集成应用分析 [J]. 山东水利，2017 (02).

[21] 邹复民，蒋新华，胡惠淳，等. 云计算研究与应用现状综述 [J]. 福建工程学院学报，2013，11 (03).

[22] 沈文海. 气象信息化进程中云计算的意义 [J]. 中国信息化，2015 (03).

[23] 蒋树芳，康跃虎，刘士平，高建东. 井渠结合灌区信息管理与控制系统 [J]. 计算机工程，2012，38 (12).

[24] 仝玉选. 试论电信级视频监控中心服务平台 [J]. 现代传输，2011 (06).

[25] 农业工程技术编辑部. 国内外农业物联网发展现状 [J]. 农业工程技术，2015(27).
[26] 张潇丹，李俊. 一种基于云服务模式的网络测量与分析架构 [J]. 计算机应用研究，2012，29(02).
[27] 刘波，沈岳，郭平，林芳. 数字湖南农业信息化建设关键策略探索 [J]. 软件，2013，34(10).
[28] 赵永刚，段德奇. 农业现代化建设中农业技术推广的探索与实践 [J]. 农场经济管理，2015(01).
[29] 刘康，蔡铭. 基于数据驱动的企业决策系统应用研究 [J]. 现代机械，2008(03).
[30] 吴云霞. 基于 GIS 的河北省"数字南水北调"工程空间数据库的分析与设计研究 [J]. 科技视界，2014(05).
[31] 陈志强. 城市基础地理数据整合与建库技术方案研究 [J]. 城市勘测，2008(01).
[32] 左喆瑜. 华北地下水超采区农户对现代节水灌溉技术的支付意愿——基于对山东省德州市宁津县的条件价值调查 [J]. 农业技术经济，2016(06).
[33] 李瑾，郭美荣，冯献. 农业物联网产业发展分析与政策建议 [J]. 科技导报，2018，36(11).
[34] 李业玲. 农业大数据在农业经济管理中的作用 [J]. 农村经济与科技，2015，26(07).
[35] 李玉平，蔡运龙. 河北省土地生态安全评价 [J]. 北京大学学报(自然科学版)网络版(预印本)，2007(03).
[36] 许世卫，王东杰，李哲敏. 大数据推动农业现代化应用研究 [J]. 中国农业科学，2015，48(17).
[37] 赵钧. 构建基于云计算的物联网运营平台 [J]. 电信科学，2010，26(06).
[38] 王翔宇，温皓杰，李鑫星，等. 农业主要病害检测与预警技术研究进展分析 [J]. 农业机械学报，2016，47(09).
[39] 李城，王厚俊，刘一芹. "农校对接"模式下的农产品营销研究 [J]. 南方农村，2014，30(09).
[40] 贾兴永，杨宝祝. 我国农业园区信息化建设的分析与探讨 [J]. 中国农业科技导报，2016，18(03).
[41] 刘振伟. 努力提升我国农业法制建设水平 [J]. 农村工作通讯，2014(19).
[42] 梁军，黄骞. 从数字城市到智慧城市的技术发展机遇与挑战 [J]. 地理信息世界，2013，20(01).
[43] 罗俊海，周应宾，等. 物联网网关系统设计 [J]. 电信科学，2011，02.
[44] 张铁志. 基于互联网的物联通信技术分析 [J]. 电子技术与软件工程，2015，10.
[45] 余艳伟，徐鹏飞等. 近距离无线通信技术研究 [J]. 河南机电高等专科学校学报，2012，05.
[46] 吴野. 基于虚拟化技术的云计算平台架构研究 [J]. 数字通信世界，2018，01.
[47] 程琦. 智能提速系统平台的分析与设计 [J]. 福建电脑，2017，33(10).
[48] 李海山，王永贵. 基于 JCE 的 CA 认证系统设计与实现 [J]. 计算机系统应用，2009，11.
[49] 罗治情，吴亚玲，陈娉婷，等. 云计算在"三农"信息服务平台中的应用研究 [J]. 中国农机化学报，2017，38(03).
[50] 刘文佳. 信息检索模型和评价方法 [J]. 科技经济导刊. 2016，02.
[51] 原亚玫. 云计算构架下的佛山地区政府信息资源聚合构想 [J]. 佛山科学技术学院学报(自然科学版)，2017，35(06).
[52] 徐茹枝，郭健，李衍辉. 智能电网中电力调度数字证书系统 [J]. 中国电力，2011，44(01).
[53] 唐志红，王卫国. OA 系统应用安全解决方案 [J]. 办公自动化，2004(11).
[54] 高加琼. 大数据功能性测试与非功能性测试分析 [J]. 四川职业技术学院学报，2017，27(04).
[55] 立睿，邓仲华. "互联网+"视角下面向科学大数据的数据素养教育研究 [J]. 图书馆，2016(11).
[56] 刘彩霞，吴宏波. 存储资源管理(SRM)分析 [J]. 内蒙古大学学报(自然科学版)，2005(01).
[57] 王燕平. 基于文献计量的我国搜索引擎研究现状和热点分析 [J]. 现代情报，2012，07.
[58] 张聪，高士平，张荣芝. 信息农业的支撑基础与发展探讨 [J]. 地理学与国土研究，2000(02).
[59] 2004FA/PA 第八届国际现代工厂/过程自动化技术与装备展览会回顾篇 [J]. 国内外机电一体化技术，2004(05).
[60] 赵意焕. 我国农产品供给的主要矛盾及其破解途径 [J]. 创新科技，2018，18(12).
[61] 李国英. 产业互联网模式下现代农业产业发展路径 [J]. 现代经济探讨，2015(07).
[62] 许晓玲. 基于物联网灌溉节水系统的设计与实现 [J]. 电子科技，2012，25(10).
[63] 黄进良，徐新刚，吴炳方. 农情遥感信息与其他农情信息的对比分析 [J]. 遥感学报，2004(06).

[64] 欧阳藩. 以人为本发展生物技术和生化工程 [J]. 重庆工学院学报，2002(04).
[65] 王福，陈前斌，李立，隆克平. 数字视频监控系统典型方案及分析 [J]. 中国有线电视，2006(23).
[66] 王旨，张兴，王文博. 无线边缘智能助力智慧社会 [J]. 电信科学，2019，35(03).
[67] 李倩. 一种嵌入式网络视频监控系统的硬件设计 [J]. 信息化研究，2010，36(03).
[68] 林思夏，马海波，姜薇. 基于 FPGA 的 UART 扩展总线设计和应用 [J]. 微计算机信息，2009，25(23).
[69] 王家农. 农业物联网技术应用现状和发展趋势研究 [J]. 农业网络信息，2015(09).
[70] 孔繁涛，朱孟帅，韩书庆，等. 国内外农业信息化比较研究 [J]. 世界农业，2016(10).
[71] 赵域，梁潘霞，伍华健. 物联网在广西农业生产中的应用现状、前景分析及发展对策 [J]. 南方农业学报，2012，07(19).
[72] 葛之江，俞盈帆，何之蕾，王乃东. 网络信息安全 [J]. 航天器工程，2000(02).
[73] 蔡德利，翟瑞常，侯雪坤. 养分平衡法配方施肥数据库建模，中国农学通报，2007(06):401-405.
[74] 李灯华，李哲敏，许世卫. 我国农业物联网产业化现状与对策，广东农业科学，2015(10):149-157.
[75] 贾宝红，钱春阳，宋治文，等. 物联网技术在设施农业中的应用及其研究方向，天津农业科学，2015，21(4):51-53.
[76] 何琼英. 探索“互联网+”对农业供给侧改革的影响 [J]. 农业工程技术，2018(02):348.
[77] 农业部关于印发《测土配方施肥技术规范》的通知，农业部，2008.
[78] 高羽佳，王超，辜丽川. 基于大数据的特色林果产品质量安全追溯体系的研究 [J]. 哈尔滨师范大学自然科学学报，2017，33(01).
[79] 李秀峰，孙志国. 关于我国农业大数据研究与应用刍议 [J]. 农业网络信息，2016(11).
[80] 董立人. 物联网发展与公共管理的善治 [J]. 行政与法，2011(01).
[81] 张金增，孟小峰. 移动 Web 搜索研究 [J]. 软件学报，2012，23(01).
[82] 张恺. “质量安全是食品企业的生命”——访南京通用磨坊食品公司 [J]. 中国检验检疫，2009(09).
[83] 徐诺金. 人口红利与中国经济增长：基于人口结构和质量的分析 [J]. 征信，2018，36(08).
[84] 米林甲阳，王慧贤，高志明. 日本腐殖物质的研究和展望 1. 腐殖物质研究成果和存在的问题 [J]. 腐殖酸，2006(04).
[85] 戴建国，王克如，李少昆，等. 基于国营农场的作物生产信息管理系统设计与实现 [J]. 中国农业科学，2012，45(11).
[86] 张亚军，刘宗田，周文. 基于深度信念网络的事件识别 [J]. 电子学报，2017，45(06).
[87] 周振民. 黄河下游引黄灌区冬小麦节水灌溉与增产效益分析 [J]. 农田水利与小水电，1995(12).
[88] 任杲，宋迎昌. 中国城市化动力机制与阶段性研究——基于产业发展与户籍制度变迁的视角 [J]. 兰州学刊，2018(06).
[89] 刘建刚. 新疆奇台县开垦河灌区农业水价综合改革示范项目效益分析 [J]. 城市建设理论研究(电子版)，2017(11).
[90] 第 19 届国际土壤学大会重点论文摘要选译 [J]. 土壤，2010，42(05).
[91] 张豪. 基于单片机的模糊控制在节水灌溉控制系统中的实现 [D]. 无锡：江南大学，2007.
[92] 谢云. 线源滴灌滴头流量设计依据研究 [D]. 石河子：石河子大学，2005.
[93] 谢直兴，严代碧. 桉树人工林现状及其可持续发展 [J]. 四川林业科技，2006(01).
[94] 杨飞萍，邵歆，陆晓青. 瑞安地区农业土壤面源污染调查及控制对策 [J]. 现代农村科技，2010(11).
[95] 陈柳钦. 智慧城市：全球城市发展新热点 [J]. 青岛科技大学学报(社会科学版)，2011，27(01).
[96] 孙其博，刘杰，黎羴，等. 物联网：概念、架构与关键技术研究综述 [J]. 北京邮电大学学报，2010，33(3).

[97] 熊迎军，沈明霞，刘永华，等. 混合架构智能温室信息管理系统的设计［J］. 农业工程学报，2012（S1）.
[98] 姚云军，秦其明，张自力，李百寿. 高光谱技术在农业遥感中的应用研究进展［J］. 农业工程学报，2008（07）.
[99] 吴建刚，房福龙，许建平，等. 物联网在水利枢纽工程中应用的探讨［J］. 水利信息化，2011（04）.
[100] 韩毅. 基于物联网的设施农业温室大棚智能控制系统研究［D］. 太原：太原理工大学，2016.
[101] 汪京京，张武，刘连忠，黄帅. 农作物病虫害图像识别技术的研究综述［J］. 计算机工程与科学，2014，36（07）.
[102] 信乃诠. 新中国农业科技 60 年［J］. 农业科技管理，2009，28（06）.
[103] 贺鹏举，刘世洪，崔运鹏，郑火国. 农业信息科技需求和前沿分析［J］. 中国信息界，2012（08）.
[104] 张存吉. 基于普适信息的智慧灌溉系统研究［J］. 广西水利水电，2015（01）.
[105] 陈龙，舒坚. 基于物联网的大棚智能监控系统的数据处理与显示［J］. 信息通信，2017（09）.
[106] 胡金林，梅士员. 基于元数据扩展的空间数据质量管理方法［J］. 现代测绘，2012（08）.
[107] 龙跃，连才，崔涛. 基层农业发展银行业务分离后经营状况初探［J］. 金融管理科学. 河南金融管理干部学院学报，1994（06）：37-39.
[108] 朱舟，童向亚，郑书河. 基于作物光照需求的温室光调控系统［J］. 农机化研究，2016，38（02）.
[109] 成芳，应义斌. 杂交水稻种子特征特性视觉检验分析与图像信息库的建立［J］. 中国水稻科学，2004（05）.
[110] 邱胜海，高成冲，王云霞，等. 大数据时代非关系型数据库教学与实验改革探索［J］. 电脑知识与技术，2013，9（31）.
[111] 王建华，叶彪. 智慧节水灌溉云系统的开发与应用［J］. 水电站机电技术，2016，39（05）.
[112] 康秋静，李晓艳. 基于大数据的路基变形监测系统的温度补偿研究与应用［J］. 智库时代，2018（50）.
[113] 徐晓. 基于 AT89C51 的土壤温湿度数据采集与调节系统设计［J］. 科学技术［J］. 智库时代，2018（50）.
[114] 张帆. 基于物联网技术的江西丘陵地区土壤墒情监测［J］. 农业工程，2013，09.
[115] 王晓鹏，王千祥，梅宏. 一种面向构件化软件的在线演化方法［J］. 计算机学报，2005（11）.
[116] 阴杰. 面向对象开发方法与结构化系统开发方法的继承发展关系［J］. 科技情报开发与经济，2009，19（18）.
[117] 赵美琪，胡政. 基于三层架构的小区物业信息管理系统的设计［J］. 信息技术，2013，37（08）：151-154.
[118] 张娟霞. 基于 GIS 消防信息系统的研究与实现［J］. 广东科技，2013，01.
[119] 陈绘绚. GIS 在水文信息化中的应用和发展趋势［J］. 中国科技信息，2011，01.
[120] 颜钰琳. 基于 J2EE 的可视化工作流引擎的设计和实现［J］. 福建电脑，2013，05.
[121] 陈莹璐. 浅析覆盖全社会信用信息系统设计［J］. 信息技术，2015，05.
[122] 曾兴涛. 云计算概念及应用研究［J］. 无线互联科技，2012，02.
[123] 修长虹，梁建坤，辛艳. 虚拟化技术综述［J］. 网络安全技术与应用，2016（05）.
[124] 张忠意，张乃超，闫誉. 基于信息化建设的农业科技创新策略［J］. 南方农机，2016，47（11）.
[125] 万芷旗. 大数据时代教育管理信息化的困境与突围路径［J］. 计算机产品与流通，2019（04）.
[126] 李志忠. 自动控制技术在温室灌溉施肥系统中的应用//中国农业工程学会设施园艺工程专业委员会、中国设施园艺学会. 2004 年中国设施园艺学会学术年会文集［C］. 2004.
[127] 刘瑞俊. 产品创新模式研究［D］. 天津：天津工业大学，2002.

[128] 赵海虎. 北海市水利现代化体系与规划研究 [D]. 杭州：浙江大学，2003.
[129] 何小敏，何一辉，李洁宁. 广西广播电视大学远程开放教育网络系统 [J]. 广西广播电视大学学报，2002 (S1).
[130] 马斌. 基于信息技术的渭河流域水资源管理研究 [D]. 西安：西安理工大学，2005.
[131] 袁方. 过滤器在微灌系统中的应用 [J]. 新疆农机化，2004 (02).
[132] 魏凯. 基于 PLC 与 HMI 恒压滴灌系统研究 [D]. 兰州：甘肃农业大学，2013.
[133] 周旭斌. IKONOS 卫星遥感数据在基础地理信息数据更新方面的应用 [J]. 测绘技术装备，2006 (02).
[134] 曹福祥. 基于网络技术的高校信息平台应用研究 [J]. 科技咨询导报，2007 (04).
[135] 朱超平. 电子地图制作方法与技术研究 [J]. 电子世界，2013 (22).
[136] 张林曼，吴升. 地理编码系统中地址匹配引擎的设计与实现 [J]. 测绘信息与工程，2008 (06).
[137] 符海芳，牛振国，崔伟宏. 多维农业地理信息分类和编码 [J]. 地理与地理信息科学，2003 (03).
[138] 郭容寰，毛炜青. 基础地理信息元数据的管理和应用 [J]. 测绘与空间地理信息，2007 (03).
[139] 王彦本，马玉祥. 基于综合业务数据库的智能网设计方案 [J]. 电子科技，2006 (05).
[140] 李超迪，席磊，郭伟，等. 现代农业空间数据管理系统的构建与实现 [J]. 中国农学通报，2010, 26 (13).
[141] 张小斌，洪洲，祝利莉，等. 农业资源动态监测网络化数据平台的设计和构建 [J]. 浙江农业科学，2010 (01).
[142] 贾艳秋，史明昌，王维瑞，等. 基于 GIS 的农业土壤环境监测系统设计与应用 [J]. 农业网络信息，2007 (02).
[143] 罗革新，吴建平，丁闫，等. 面向服务体系架构软件平台及其应用 [J]. 石油工业计算机应用，2012 (01).
[144] 杨连荣. “互联网+”时代的农产品营销与农业经济发展研究 [J]. 中国农业文摘-农业工程，2019, 31 (02).
[145] 李守林. 基于物联网驱动的物流园区信息化研究 [D]. 北京：北京交通大学，2016.
[146] 张洁宁. 中国新时代绿色发展理念研究 [D]. 长春：吉林大学，2018.
[147] 杨孟莹. “互联网+现代农业”的创新发展模式策略分析 [J]. 安徽农学通报，2018, 24 (20).
[148] 沈金明. 基于系统日志的计算机网络用户行为取证分析系统的研究与实现 [D]. 南京：东南大学，2006.
[149] 吴剑峰. 大数据时代面向知识发现的网络信息提取方法研究 [D]. 合肥：安徽理工大学，2016.
[150] 孟凡胜. 中国农产品现代物流发展问题研究 [D]. 哈尔滨：东北农业大学，2005.
[151] 崔倩楠. 基于云计算环境的虚拟化资源平台研究与评价 [D]. 北京：北京邮电大学，2011.
[152] 郝泽晋，梁志鸿，张游杰，郑伟伟. 大数据安全技术概述 [J]. 内蒙古科技与经济，2018 (24).
[153] 潘淑春. 国家农业文献信息资源系统分析与设计 [D]. 北京：中国农业科学院，2001.
[154] 陆丽娜. 农业科学数据监管模型构建及应用研究 [D]. 长春：吉林大学，2018.
[155] 谢伟超. 面向智慧农业的分布式存储系统的研究与实现 [D]. 广州：华侨大学，2018.
[156] 刘维琦. 山东省互联网农业发展的影响因素及解决对策研究 [D]. 淄博：山东理工大学，2017.
[157] 黄国勤. 农业可持续发展的研究与实践 [J]. 农学学报，2019, 9 (03).
[158] 高飞，刘晓珂，黄红星. “互联网+”现代农业评价与提升对策研究——以广东省为例 [J]. 江西农业学报，2019, 31 (01).
[159] 郭亚，朱南阳，夏倩，等. 中国农业物联网及“互联网+农业”进展 [J]. 世界农业，2018 (07).
[160] 刘文杰. “互联网+”对农村产业结构的优化 [J]. 农村经济与科技，2018, 29 (20).
[161] 穆献中，余漱石，徐鹏. 农村生物质能源化利用研究综述 [J]. 现代化工，2018, 38 (03).
[162] 郭明明. 乡村振兴战略背景下对黑龙江垦区互联网与农业深度融合的思考 [J]. 农场经济管理，2018 (10).

[163] 张建华，孔繁涛，吴建寨，等.农业物联网技术发展趋势预测［J］.农业展望，2018，14(09).
[164] 高建华.论物联网技术在现代农业中的应用［J］.电脑开发与应用，2012，25(11).
[165] 杨承训，承谕，咏梅.高端生态海洋农业发展规律与方略——学习习近平关于经略海洋思想的启示［J］.中共天津市委党校学报，2014(01).
[166] 徐元明，孟静，赵锦春.农业物联网：实施“互联网+现代农业”的技术支撑——基于江苏省农业物联网示范应用的调查［J］.现代经济探讨，2016(05).